辽宁省教育厅基金项目(24-1094)资助
辽宁省自然基金联合基金项目(20240346)资助
辽宁工程技术大学鄂尔多斯研究院校地合作培育项目(YJY-XD-2024-B-014)资助

基于元启发式算法的复杂矿井通风系统优化与调控方法研究

彭　泓　于保才　著

中国矿业大学出版社
·徐州·

内 容 提 要

本书研究复杂动态系统的优化与控制，针对其高度耦合、非线性和不确定性等特性，提出了一系列解决方案。首先，提出改进的均衡优化器算法，通过混沌映射、三角函数调整和高斯扰动，提升了全局搜索能力和局部搜索能力，应用于矿井通风系统，显著降低能耗，每年节省 200 万元。其次，针对多目标优化需求，提出基于 R_2 指标的混合多目标算法，试验验了证其优于现有方法，并在矿井通风中提高了风机效率。最后，提出了基于改进鸽群算法和对立学习机的智能调节与最优控制方法，提升了系统的调节准确率和风机稳定性，验证了其实际应用价值。

本书可供矿井通风专业的本科生参考使用。

图书在版编目(CIP)数据

基于元启发式算法的复杂矿井通风系统优化与调控方法研究 / 彭泓，于保才著. — 徐州 ：中国矿业大学出版社，2025. 7. — ISBN 978-7-5646-6903-4

Ⅰ. TD724

中国国家版本馆 CIP 数据核字第 2025BV2371 号

书　　名　基于元启发式算法的复杂矿井通风系统优化与调控方法研究

著　　者　彭　泓　于保才

责任编辑　杨　洋　满建康

出版发行　中国矿业大学出版社有限责任公司

（江苏省徐州市解放南路　邮编 221008）

营销热线　(0516)83885370　83884103

出版服务　(0516)83995789　83884920

网　　址　http://www.cumtp.com　**E-mail**:cumtpvip@cumtp.com

印　　刷　江苏淮阴新华印务有限公司

开　　本　787 mm×1092 mm　1/16　**印张** 9.75　**字数** 180 千字

版次印次　2025 年 7 月第 1 版　2025 年 7 月第 1 次印刷

定　　价　58.00 元

（图书出现印装质量问题，本社负责调换）

前　言

复杂系统是目前系统工程领域的研究热点。复杂系统存在着高耦合性、突现性、不稳定性、非线性、不确定性、不可预测性等特点，使得复杂系统的优化调控成为困扰各国学者的问题之一。复杂系统出现故障率大、能耗高等问题，轻则会造成经济上的损失，重则可能危害人身安全。为了解决这个问题，本书针对复杂系统的优化、调节、最优控制等关键问题展开研究，结合元启发式算法形成一整套复杂系统优化与调控分析方法，对该领域的研究具有积极的理论意义；并以矿井通风系统为例，对所提出的方法进行工程验证，相关研究成果得到了国内外专家的认可。

为了更好地对复杂系统进行优化，书中提出了一种基于改进均衡优化器算法的复杂系统单目标优化方法。首先，利用混沌映射对种群进行初始化；其次，引入三角函数调整策略来改进索引，提高了算法的全局开发能力，同时可以提高后期的局部搜索能力，然后引入高斯扰动，增强粒子的多样性，避免陷入局部最优；最后，引入一个学习因子来提高生成率，增强算法的完整性，并与其他算法进行比较。仿真结果表明，改进算法的性能明显优于其他算法。为了验证工程效果，应用该方法对中煤华晋集团有限公司王家岭煤矿通风系统进行优化，建立了以矿井通风网络总能耗最低为目标的非线性优化模型，结果表明，通风系统能耗降低了 17.83%。采用这种方法每年可节省约 200 万元，经济效果显著，达到了节能减排的目的，验证了该方法的有效性。

随着世界各国学者对复杂系统科学研究的不断深入，发现单目标优化算法不能完全满足实际需求，由于复杂系统的特殊性，绝大多数问题需要建立多目标优化模型，才能更贴切描述复杂系统中各个组件之间的关系。因此，为了求解复杂系统多目标优化模型，提出了一种 R_2 指标混合多目标均衡优化算法（R_2HMEOA）。首先，使用 R_2 索引来改进 Pareto 解的排序规则。其次，改进了参考点策略，提出了基于 R_2 索引的精英归档策略，使用经典的测试函数来测试所提出的算法，结果表明，该算法具有明显的优势。为了验证其工程应用效果，采用该方法对中煤华晋集团有限公司王家岭煤矿进行试验，并建立了基于通风能耗、风机轴功率和风机效率的矿井通风系统多目标优化模型，结果表明，该算法能有效降低通风功耗，提高风机轴功率和效率，证明了该算法的实用性。

目前复杂系统的智能调控仍然是该领域的研究热点之一，各组件间具有高耦合特性，使得在复杂系统智能调控方面的进展依然很小。为了解决该问题，本书将智能优化算法引入，对传统鸽群算法进行改进，引入一种基于切比雪夫滤波器对罗盘算子进行非线性变化的改进，并在地图搜索阶段引入 levy flight，从而避免陷入局部最优；引入一种实数编码的量子表示方法改进算法的收敛方向，并对鸽群淘汰机制进行改进。为了验证该算法在复杂系统智能调控领域的工程应用情况，以中煤华晋集团有限公司王家岭煤矿三维通风仿真与优化系统为研究对象，建立矿井智能风量调节模型，同时为达到一体化求解目的，将其转换为最小欧式距离的求解问题；基于灵敏度分析了分支的可调特性，仿真结果表明，在对 5 种不同类型巷道的 150 次增、减风调节中，只有 2 次出现严重偏差，准确率达 98.6%，因此该方法能够高效、稳定地对矿井风量进行调节，从而验证采用该方法解决复杂系统智能调控问题的有效性。

为了解决复杂系统的最优控制问题，书中提出一种基于对立学习机改进的均衡优化器算法，引入混沌映射对种群初始化进行改进，从而增强粒子的多样性，此外将对立学习机引入算法寻优过程，从而加快算法收敛速度，并能够有效避免算法陷入局部最优。为了验证算法的有效性，采用 6 种不同算法对 13 个测试函数进行求解，结果表明，改进算法能够快速得到最优解，性能明显优于其他算法。为了验证在复杂系统最优控制领域的实际应用能力，以中煤华晋集团有限公司王家岭煤矿通风系统为研究对象，建立矿井主要通风机不停风切换系统的数学模型，并对井下分支的可调性进行探究；然后将改进算法应用于矿井主要通风机不停机切换系统。工程应用结果表明，该算法能够有效降低井下风量波动，且能够保证风机在切换过程中处于稳定状态。

著者

2024 年 8 月

目　录

1 绪　论

1.1 研究的背景和意义

1.1.1 研究背景

复杂性科学是在 20 世纪 80 年代中期兴起的，主要研究复杂系统和复杂性。目前虽然还处于萌芽状态，但已被有些科学家誉为“21 世纪的科学”。随着复杂性科学的兴起，对复杂系统的研究越来越受到重视，国内外许多学者正致力于这方面的研究[1]。随着科技革命的不断推进，系统及设备逐渐大型化、精密化、复杂化，这一类系统通常拥有庞大的产品结构，或者拥有复杂的分支系统，例如现代计算机、工厂生产线、核电站、电力系统等[2-3]。

复杂系统优化与调控是一个涉及多个交叉学科的领域，其研究内容主要涉及复杂系统中的优化和控制问题[4-5]。复杂系统在自然界和社会经济中广泛存在，包括生物系统、生态系统、社交网络、交通系统、能源系统等，这些系统由于具有非线性、时变、多目标等特性，对其优化和控制变得困难和复杂[6-8]。因此，复杂系统优化与调控成为一个备受关注的研究领域，相关的理论和方法已经被广泛应用于各个领域。

在复杂系统优化方面，主要研究如何通过建立数学模型、优化算法等手段，寻求复杂系统的最优解或次优解。例如，基于模拟退火、遗传算法、粒子群算法等优化算法，结合约束优化方法，对复杂系统进行优化，以提高系统效率和性能。此外，深度学习、神经网络等方法也被广泛应用于解决复杂系统的优化问题[9-10]。

在复杂系统控制方面，主要研究如何通过建立动态系统模型、控制算法等手段，实现对复杂系统的稳定控制、鲁棒性控制、自适应控制等。例如，基于模型预测控制、反演控制、自适应控制等方法，针对复杂系统的特性进行控制设计和优化，使得系统达到稳定和期望的控制目标[11-12]。

复杂系统优化与调控领域的研究对于现代科技和工程应用具有重要意义。例如,对电力系统、交通系统等复杂系统的优化和控制,能够提高系统效率和节能减排[13];在智能制造、智慧城市等领域,复杂系统优化与控制的研究也将发挥重要的作用[14]。

复杂系统存在高度的耦合性、突现性、不稳定性、非线性、不确定性、不可预测性等特征,导致复杂系统出现故障率大、能耗高等问题,轻则会造成经济损失,重则可能危害人身安全[15]。

正如郭雷[16]所指出的,“当今科学技术的发展前沿已经在时空多尺度多层次上,广泛进入研究复杂性与调控复杂系统的时代”。因此为了避免上述问题的出现,需要对复杂系统的优化及调控展开深入研究。

矿井通风系统作为典型的复杂系统之一,其高耦合性、非线性的特点,导致矿井通风系统的优化调控成为困扰国内外专家学者的热点之一。本研究以矿井通风系统为例,对矿井通风系统中的优化及调控问题进行深入研究。矿井通风系统是保证煤矿安全生产的基石,一旦通风系统出现问题,会造成重大的经济损失及严重的人员伤害。2008—2020 年我国井工矿共发生事故1 085 起,其中出现人员死亡的事故高达 926 起,共计死亡 4 493 人。2008—2020 年煤矿事故数量与死亡人数变化情况如图 1-1 所示[17-19]。

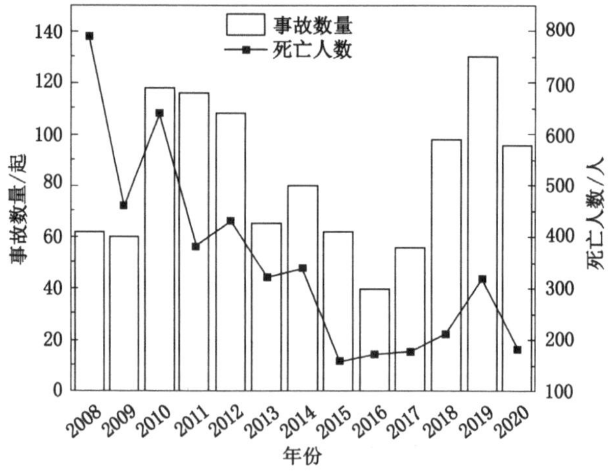

图 1-1　2008—2020 年煤矿事故数量与死亡人数情况

各类事故数量与死亡人数统计见表 1-1。由该表可知,与通风系统直接相关的瓦斯与火灾事故数量占比达到了 23%,同时死亡人数占比达到了 38%,由此可见矿井通风系统导致的煤矿灾害非常严重。

表 1-1 各类事故数量占比与死亡人数占比统计表

类别	顶板	瓦斯	水害	火灾	机电	运输	爆破	其他
事故数量占比	33%	20%	12%	3%	6%	12%	4%	10%
死亡人数占比	31%	33%	7%	5%	2%	6%	9%	7%

矿井通风系统是井工矿开采中最重要的系统之一，是煤矿“六大系统”之首[20-21]，在开采过程中，通风系统为井下工作人员以及井下设备提供必要的新鲜空气，并将井下有害气体排到井外，同时起到调节井下温度的作用[22-23]。由于开采年限的增加，通风系统变得越来越复杂，通风构筑物也越来越多，通风系统的日常管理工作难度也急剧增大。当通风系统出现问题的时候，尤其是矿井主要通风机和局部通风机出现故障，或者通风构筑物损坏，会造成整个矿井或者局部停风，部分巷道风速过大，最终造成瓦斯爆炸、粉尘爆炸、人员窒息、井下自燃等事故的发生，这些问题影响着我国煤炭行业的发展，又给煤炭行业带来了严重的经济损失和人员伤亡。

近些年来，矿井通风系统故障导致的重特大矿难事故屡见不鲜。2007 年，山西洪洞“12・5”事故，由于瓦斯超限导致爆炸，造成 105 人死亡[24]；2013 年吉林八宝煤矿连续发生 5 次瓦斯爆炸，死亡 53 人[25]；2016 年，内蒙古自治区赤峰宝马矿业发生特大瓦斯爆炸，造成 32 人死亡，20 人受伤[26]；2020 年重庆松藻煤矿发生重大火灾，造成 16 人死亡，24 人受伤[27]。据统计，2010—2019 年期间全国共发生瓦斯事故 118 起，死亡人数高达 941 人。这些数据充分证明矿井通风系统在煤矿安全生产中的重要地位。

矿井通风系统中除了自然风压为井下带来少量新鲜风外，最主要的新鲜风依靠矿井主要通风机提供。矿井主要通风机一般为大功率电机，为了持续给井下供风，需要持续不断工作。矿井通风机运行产生的电费从几百万元到几千万元不等，通风能耗大约占矿井总能耗的 30%[28]。随着矿井通风系统越来越复杂，通风能耗占比也随之增大，部分矿井高达 40%，因此矿井通风系统能源浪费现象日趋严重。

1.1.2 研究意义

基于元启发式算法的复杂系统优化与调控研究对该领域的理论研究和实际应用具有一定的理论意义和现实指导意义。在理论层面上，将元启发式算法引入复杂系统的优化与调控，提出了基于单目标、多目标的复杂系统优化调控方法，并提出了复杂系统的调控方法以及最有效控制方法，极大地丰富了复杂系统优化调控的相关理论与方法。综合利用信息系统与智能决策理论、运筹学理论、计算机科学方法、智能优化算法等，分别对复杂系统的优化与调控进行研究。本书结合元启发式算法形成了一整套系统的复杂系统优化与调控分析框架，对该领域的研究具有积极意义。

在实践层面上，书中提出的方法以大数据处理技术为基础，结合元启发式算法的优点，能够解决高耦合性、非线性、不确定性的复杂系统的优化调控问题，有助于快速、准确地对复杂系统进行优化调控，提高系统的可靠性，减少能源浪费。此外，本书以矿井通风系统为例，对所提出的方法进行工程验证，相关研究成果得到了国内外专家的认可，从而证明所提方法的有效性和可行性，验证结果对提高矿井通风安全管理和分析决策水平、保障员工的生命和财产安全、提高矿井效益、实现煤矿安全生产具有重要的现实意义，并且对推动数字化、智能化矿山建设具有十分重要的指导意义，为实现国家“十四五”提出的节能减排、碳中和、碳达峰的目标提供了有力保障。

1.2 研究内容及研究方法

1.2.1 研究内容

本书以复杂系统优化调控为研究内容，采用基于元启发式算法对复杂系统的优化、调节、最优控制展开研究。首先，提出了基于三角函数改进均衡优化器算法的单目标复杂系统优化方法，进一步，提出基于 R_2 指标的混合多目标均衡优化算法的多目标复杂系统优化方法；其次，提出基于改进鸽群算法的复杂系统调控方法；最后，提出基于对立学习机改进均衡优化器算法的复杂系统最优控制方法。鉴于煤矿通风系统在整个矿井的节能减排和保证安全生产中具有举足轻重的地位，因此本书围绕矿井通风系统的两个主要部分（井下通风网络和井上主要通风机）展开相关工程验证，以矿井通风系统安全高效运转为目的，对矿井通风系统进行智能优化与调控研究，包含针对矿井通风网络结构优化、矿井风量智能化调控、矿井主要通风机运行过程调控等关键环节的研究，从而为矿井通风系统管理工作提供有力的科学指导，并能够有效提高煤矿的经济效益和安全性。

1.2.2 研究方法

本课题的研究方法主要包括文献研究法、理论研究法、线性规划法、优化建模法、基于元启发的优化算法、仿真模拟法、多目标决策理论、最优化理论等。首先，通过文献收集、阅读整理、总结来全面了解研究问题的背景以及目前研究前沿；其次，针对关键问题展开深入研究，分别建立优化调控问题的数学模型，并提出基于改进元启发式算法对关键问题进行求解；最后，采用仿真模拟与实际应用相结合的方式，对解决方案进行验证。

1.3 技术路线及主要内容

1.3.1 技术路线

本课题从矿井通风系统优化调控中的相关问题出发，根据研究内容的逻辑关系，对研究问题进行整体规划，具体技术路线如图 1-2 所示。

1.3.2 主要内容

本书对复杂系统优化、调节、最优控制等关键技术进行相关研究，共分 7 章进行阐述：

第 1 章介绍研究背景和意义。对复杂系统优化调控的必要性进行概述，然后以矿井通风系统为例，说明通风系统优化调控技术在矿井安全生产中的重要地位，并对本书技术路线和主要贡献创新点进行相应说明。

第 2 章介绍复杂系统优化调控方法的研究现状，并对元启发式算法以及多目标优化算法的研究现状进行阐述；研究了矿井通风系统相关基础理论以及矿井通风系统优化调控研究现状。

第 3 章针对复杂系统单目标优化问题，对传统均衡优化器算法进行改进，提出基于三角函数的改进均衡优化器算法，并对改进算法进行测试，最后将改进算法应用到矿井通风系统优化中。

第 4 章针对复杂系统的多目标优化问题，提出基于 R_2 指标的混合多目标均衡优化器算法，并对该算法进行仿真测试，最后将基于 R_2 指标的多目标均衡优化器算法应用于矿井通风系统多目标优化模型。

第 5 章针对复杂系统智能调节问题，提出基于改进鸽群算法，并进行测试；将该算法应用于矿井风量智能调节，并在三维矿井通风仿真与优化系统中进行仿真验证。

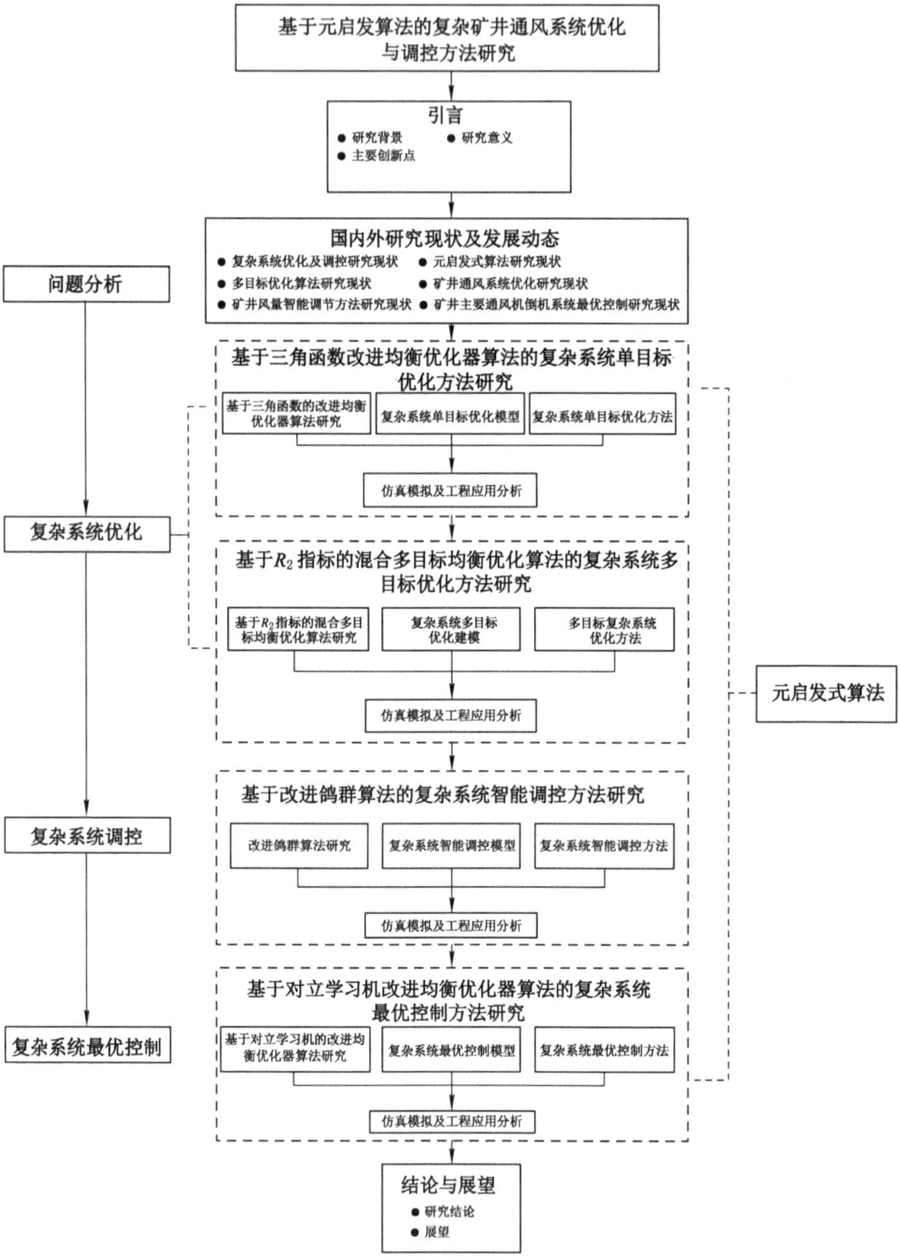

基于元启发算法的复杂矿井通风系统优化与调控方法研究
引言
研究背景
研究意义
主要创新点
国内外研究现状及发展动态
复杂系统优化及调控研究现状
元启发式算法研究现状
多目标优化算法研究现状
矿井通风系统优化研究现状
矿井风量智能调节方法研究现状
矿井主要通风机倒机系统最优控制研究现状
问题分析
基于三角函数改进均衡优化器算法的复杂系统单目标优化方法研究
基于三角函数的改进均衡优化器算法研究
复杂系统单目标优化模型
复杂系统单目标优化方法
仿真模拟及工程应用分析
复杂系统优化
基于R_2指标的混合多目标均衡优化算法的复杂系统多目标优化方法研究
基于R_2指标的混合多目标均衡优化算法研究
复杂系统多目标优化建模
多目标复杂系统优化方法
仿真模拟及工程应用分析
元启发式算法
基于改进鸽群算法的复杂系统智能调控方法研究
改进鸽群算法研究
复杂系统智能调控模型
复杂系统智能调控方法
仿真模拟及工程应用分析
复杂系统调控
基于对立学习机改进均衡优化器算法的复杂系统最优控制方法研究
基于对立学习机的改进均衡优化器算法研究
复杂系统最优控制模型
复杂系统最优控制方法
仿真模拟及工程应用分析
复杂系统最优控制
结论与展望
研究结论
展望

图 1-2　技术路线图

第 6 章针对复杂系统最优控制问题，提出基于对立学习机的改进均衡优化器算法，并用基准测试函数对算法进行测试。最后为验证该算法在实际工程中的应用效果，将其应用于矿井主要通风机切换系统。

第 7 章结论与展望。

1.4 主要贡献及创新点

本书以复杂系统优化及调控为研究对象，结合最优化理论、数学建模方法、均衡优化器算法、鸽群算法等智能方法，以“复杂系统优化”“复杂系统智能调节”“复杂系统最优控制”为主线，提出了一套完整的复杂系统优化与调控技术框架。

本书的主要贡献及创新点总结如下：

① 提出了一种基于改进均衡优化器算法的复杂系统单目标优化方法。首先，利用混沌映射对种群进行初始化；其次，引入三角函数调整策略来改进索引，提高了算法的全局开发能力，同时可以提高后期的局部搜索能力；再次，引入高斯扰动，增强粒子的多样性，避免陷入局部最优；最后，引入一个学习因子来提高生成率，提高算法的完整性，并与其他算法进行比较。仿真结果表明，改进算法的性能明显优于其他算法。为了验证其工程效果，应用该方法对中煤华晋集团有限公司王家岭煤矿通风系统进行优化，结果表明，经济效果显著，达到了节能减排的目的，验证了该方法的有效性。

② 提出了一种 R_2 指标混合多目标均衡优化算法（R_2HMEOA）。首先，使用 R_2 索引来改进 Pareto（帕累托）解的排序规则；其次，改进了参考点策略，提出了基于 R_2 索引的精英归档策略，使用经典的测试函数来测试所提出的算法，结果表明该算法具有明显优势。为了验证其工程应用效果，采用该方法对中煤华晋集团有限公司王家岭煤矿进行试验，并建立了矿井通风系统多目标优化模型，结果表明，该算法能有效降低通风功耗，提高风机轴功率和效率，证明了该算法的实用性。

③ 提出了一种基于改进鸽群算法的复杂系统智能调节方法，对传统鸽群算法进行改进；引入一种基于切比雪夫滤波器对罗盘算子进行非线性变化的改进，并在地图搜索阶段引入 Levy flight，从而避免陷入局部最优；引入一种实数编码的量子表示方法来改进算法的收敛方向，并对鸽群淘汰机制进行改进。以中煤华晋集团有限公司王家岭煤矿三维通风仿真与优化系统为研究对象，建立矿井智能风量调节模型，仿真结果表明，该方法能够高效、稳定地对矿井风量进行调节，从而验证了该方法对于解决复杂系统智能调控问题的有效性。

④ 提出一种基于对立学习机改进的均衡优化器算法复杂系统最优控制方法，首先引入混沌映射对种群初始化进行改进，从而增强粒子的多样性。此外，将对立学习机引入算法寻优过程，从而加快算法收敛速度，并能够有效避免算法陷入局部最优。为了验证算法的有效性，采用 6 种不同算法对 13 个测试函数进行求解。结果表明，改进算法能够快速得到最优解，算法性能明显优于其他算法。将改进算法应用到矿井主要通风机不停机切换系统中，工程应用结果表明，该算法能够有效降低井下风量波动，且能够保证风机在切换过程中处于稳定工作状态。

2 国内外研究现状及发展动态

2.1 复杂系统优化与调控研究现状

复杂系统优化与调控研究的发展历程可以追溯到 20 世纪初期。20 世纪 80 年代，随着计算机技术和信息技术的飞速发展，复杂系统优化与调控研究开始进入快速发展阶段[29]。科学家们开始使用计算机和数值模拟技术来研究复杂系统，并将研究成果应用于气候模拟、生态学和物理学等领域[30-32]。

复杂系统优化与调控研究是复杂系统研究领域的一个重要分支，其发展历程可以追溯到 20 世纪 60 年代，随着计算机技术和控制理论的发展，这个领域得到了迅速发展[33-34]。越来越多的专家学者开始对该领域展开了广泛且深入的研究，并取得了长足进展。总体上可以划归为以下几类。

(1) 基于数学规划的优化方法

数学规划是一种传统的优化方法，其应用于解决复杂系统的优化和调控问题已有多年历史。其中，线性规划(Linear Programming，LP)[35]方法和混合整数线性规划(Mixed-Integer Linear Programming，MILP)[36]方法是常用的两种数学规划方法。数学规划方法需要将问题转化为数学模型进行求解，因此需要对问题进行准确的数学描述和建模，这个过程较为困难。此外，该方法对初始解要求较高，如果初始解与最优解相差较大，则很难找到全局最优解。数学规划方法具有较强的全局搜索能力，但求解时间相对较长，尤其是在处理大规模问题时，往往需要耗费很长时间。

(2) 基于模型预测控制的方法

模型预测控制是一种优化控制方法。该方法通过建立动态模型来对未来的系统状态进行预测，并根据预测结果进行控制决策[37]。模型预测控制方法已经被广泛应用于很多领域，包括化工、航空航天、交通运输等[38-40]。该类方法高度依赖模型的准确性，处理大规模系统问题时计算量非常庞大，导致算法效率低，且对计算机的性能和速度要求都比较高。

(3) 基于深度强化学习的方法

深度强化学习方法是一种机器学习方法，已经被广泛应用于解决复杂系统的优化和控制问题[41]。深度强化学习方法通常使用深度神经网络来表示策略或值函数，并通过与环境交互来进行训练。深度强化学习方法已经被应用于自适应控制、无人驾驶等领域[42-43]。深度强化学习需要大量的数据进行训练，特别是在复杂系统中，获取数据成本非常高，这限制了它的应用范围。此外，深度强化学习中有许多需要手动选择的超参数，如神经网络层数、神经元数量、学习率等，这需要领域专家具有一定的经验才能够进行选择。深度强化学习方法通常针对特定任务，需要对每个新的任务进行重新设计和训练，缺乏通用性。

(4) 基于元启发式算法的优化方法

近年来随着元启发式算法的提出及不断改进，由于其通常不需要先验知识或者数学模型，可以适用于各种复杂系统的优化调控，且具有较好的鲁棒性和并行化处理能力强的优点，可以加速求解复杂系统问题，越来越多的专家学者将其引入复杂系统优化与调控领域[44-48]。然而在采用元启发式算法对复杂系统进行优化和调控过程中，会遇到容易陷入局部最优解、算法参数选择困难、收敛速度较慢、对初始值敏感等问题，因此需要对这些问题进行进一步研究，来消除其对复杂系统优化及调控过程带来的影响。

2.2 元启发式算法研究现状

2.2.1 均衡优化器算法研究现状

2.2.1.1 均衡优化器算法起源

均衡优化器算法(Equilibrium Optimizer，EO)是 A. Faramarzi 等[49]在 2019 年提出的基于物理的元启发式算法。EO 算法受到物理质量平衡方程的启发，质量平衡方程通过在控制器中控制体积中输入质量、输出质量和生产质量提供物理基础。一阶微分方程代表一般质量平衡方程，其中质量随时间的变化等于进入系统的质量减去离开系统的质量加上原始质量。平衡状态是算法最终的收敛状态，是全局最优解。EO 算法构建一个称为均衡池的向量，在这里提供均衡候选粒子。通过试验确定均衡池中的 5 个候选解，其中 4 个是整个优化过程中识别的最佳粒子。另外一个是上述 4 个候选解的数学平均值，4 个最佳粒子有助于更好地探索搜索空间，平均值有利于开发阶段的多样性。

2.2.1.2 均衡优化器算法的发展及应用现状

与其他算法相比，均衡优化器算法具有参数少、耗时短、易实现、寻优能力强等特点，已经受到国内外学者的关注，被广泛应用于解决各种连续优化问题。但同样该算法具有容易陷入局部最优和收敛速度慢等缺点。因此，很多学者对其进行深入研究，提出一些有效的改进算法。

A. Wunnava 等[50]提出了一种称为自适应均衡优化器(Adaptive Equalization Optimizer，AEO)的新优化器，用于多级阈值处理，这是对基本均衡优化器的改进，实现了对非性能搜索代理的自适应分散决策，并将该算法成功应用于计算机视觉处理。M. K. Naik[51]等提出一种结合对立学习机和逃跑策略的均衡优化器算法，从而有效增强算法的探索能力，并且改进算法拥有更好的稳定性和可拓展性，能够有效解决维度变化的随机问题，并将该算法成功应用于图像分割领域。M. Abdel-Basset 等[52]使用线性缩减分集技术(Linear Reduction Diversity，LRD)和局部极小消除法(Local Mininum Elimination，MEM)改进了一种称为平衡优化器(EO)的最新优化算法。改进的 EO(IEO)降低了种群的多样性，直到能够获得更好的解决方案。该方法的核心是通过将粒子移向最佳 sofar 解来改进总体中适应度最低的粒子，以提高向接近最优解的收敛性，如果无法找到更好的解决方法，LRD 会增大陷入局部极小值的概率，并将改进算法成功应用于光伏电池最大功率追踪领域。S. Gupta 等[53]提出了一种新的改进算法，称为修正平衡优化器，该算法利用高斯变异和基于种群划分、重建概念的额外探索性搜索机制，使用这些机制和平衡优化器的标准搜索程序，构建所提出算法每次迭代中的总体。这些策略试图在搜索过程中保持解的多样性，从而避免陷入次优解的趋势，提高收敛速度以获得更精确的最优解。此外一些改进的均衡优化器算法也成功应用于特征选择[54-55]、光伏电池[56]、新能源[57]、无线传感器[58]等领域。

2.2.2 鸽群算法研究现状

2.2.2.1 鸽群算法起源

鸽群算法(Pigeon Inspired Optimization，PIO)[59]是 2014 年段海滨教授提出的一种模拟鸽子归巢行为的元启发式算法，其原理为鸽子在距离目的地较远的地方时，在地球磁场和在地标建筑的帮助下到达目的地，所以鸽群算法中鸽子归巢由指南针算子和地标算子两个基本部分组成。鸽子距离目的地较远时利用地磁场来辨别方向，当距离目的地比较近时就利用当地地标来导航。在 PIO 中地图和指南针算子模型的提出就是基于地磁场和太阳，而地标算子模型的提出基于地标。在算法寻优过程中，鸽子个体代表问题的解，由位置和速度共同表示，共包括两个部分迭代，分别为地图迭代和地标迭代。当鸽群到达目的地附近时，一般算法中当迭代次数超过总次数的 3/4 时开始进行地标迭代，每次将淘汰一半的迷失鸽群。未被淘汰的优质鸽群将会以第 t 次迭代的鸽群中心点作为参考方向对每一只鸽子进行更新，最终到达目的地，即算法搜索到最优解。

2.2.2.2 鸽群算法的发展及应用现状

随着越来越多的学者对鸽群算法的关注，并对算法进行改进，算法性能得到提高。A. Q. Tian 等[60]提出了一种新的鸽群算法，称为紧凑鸽群启发优化(Compact Pigeon-Inspired Optimization，CPIO)。所提出的算法解决了具有许多数据包的复杂科学和工业问题，包括使用经典优化问题以及在有限硬件资源的多个解空间中找到最优解的能力。C. Li 等[61]提出了边缘势函数(Edge Potential Function，EPF)和模拟退火鸽群优化(Simulated Annealing Pigeon-Imspired Optimization，SAPIO)算法的混合模型，并将该算法成功应用于无人飞行器(Unmanned Aerial Vechide，UAV)的低空目标检测任务。G. G. Chen 等[62]将常用的罚函数法(Penalty Function Method，PFM)与多种群鸽群优化算法相结合，提出了 MPIO-PFM 算法(Multi-Objective Pigeon-Inspired Optimization，MPIO)，解决了具有多个矛盾目标的不可微最优潮流的求解问题，提出了一种改进的鸽子激励优化算法。并将其应用于优化电力系统的有功功率损耗、排放和燃料成本。C. H. HU 等[63]引入一种新的基于 logistic 映射方法的初始化过程来生成鸽群的初始种群。之后，为了提高地图和指南针操作的性能，在每次迭代中自适应更新因子参数，以平衡全局和局部搜索能力。在最后的 landmark 操作中引入逐渐减少的鸽子种群更新策略，以防止过早收敛和局部最优，并将其用于解决无人机在威胁和对抗区域的路径规划问题，取得了良好效果。

2.3 多目标优化算法研究现状

在解决很多现实问题过程中，决策者通常会遇到有多个目标的优化问题，这一类问题通常称为多目标优化问题(Mutil-objective Optimization Problems，MOPS)[64]。

多目标优化算法分为传统数学方法和智能算法两大类。传统数学方法要求建立精确的数学模型，其中代表算法包括单纯形法、梯度法等，但是在解决实际问题时很难建立准确的数学模型，且工程问题越来越复杂，因此很难有效对其进行求解，尤其是对于大多数离散问题以及非线性约束问题，采用传统方法已经无法求解[65]。因此越来越多的学者将重点转移到智能算法，并提出了各种各样的多目标优化算法。

总的来说，基于智能算法的多目标优化算法可以分为三类：

(1) 基于支配的方法，该类方法的基本思想：应用 Pareto 支配度分配策略对当前种群进行排序，然后利用网格划分、拥挤度距离等估计个体密度，从而实现种群更新，选择更优个体进入下一代，典型的算法有 NSGA[66]、NSGA Ⅱ[67]、NSGA Ⅲ等[68]。NSGA 算法的计算复杂度大，NSGA Ⅱ算法则引入快速非支配排序策略和精英解集策略，将计算复杂度大幅度降低；NSGA Ⅱ算法则面临 EMO 共性问题[69]，NSGA Ⅲ算法在选择 Pareto 解集时采用了基于参考点的方式，解决了该问题。

(2) 基于分解的方法，典型的算法为 MOEA/D[70]，该类方法的基本思想：将多目标优化问题转化为一组目标优化问题进行求解，区别于传统方法，MOEA/D 能够将子问题有机组织起来进行独立运行，同时各个子问题能够同时求解，最终得到近似 Pareto 解集，因此该方法计算效率高。在分解优化问题时，常用的方法包括契比雪夫法、权重求和法、基于惩罚的边界交叉法等。

(3) 基于指标的方法，例如 MOPSO[71]、HypE[72]等，该类方法通过解的个体性能指标对个体进行评价，常用的指标有超体积、反世代距离等，但是此方法的计算量大，计算速度低，许多研究者对此提出改进，例如采用 R_2 指标[73]代替上述评价指标等。

2.4 矿井通风系统综述

2.4.1 矿井通风系统构成

矿井通风系统是向井下各个需风点提供新鲜空气，排除污浊有毒有害气体的通风网路、通风动力装置以及通风控制设备的总称[74]。矿井通风系统是保证煤矿安全生产的基石，是井下开采不可缺的部分，总体可以分为两个部分：① 井下的通风网路，包括巷道、局部通风机、风窗、风门等；② 井上主要为通风机，为矿井通风系统提供动力[75-76]。图 2-1 为某矿井通风系统立体示意图。

通风系统运行过程中，由矿井主要通风机持续不断地将新鲜风输送至井下，供井下工作人员及设备使用，并将产生的废气和有毒有害气体由回风井排到井外。为了保证通风系统能够安全运行，《煤矿安全规程》规定必须配备两台同风力的主要通风机，其中一台作为备用风机，能够保证在 10 min 内启动，且每月需轮换一次[77]。井下网路是由错综复杂、数目众多的巷道构成的一个复杂的立体结构，两个部分相互联系密不可分，共同构成一个非稳定的、复杂的动态系统[78-79]。

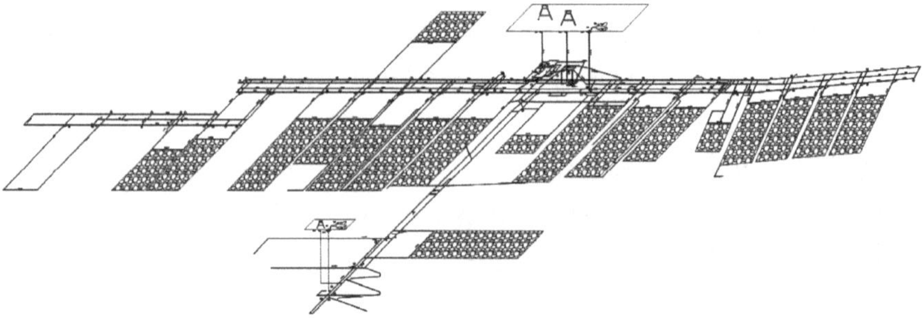

图 2-1　矿井通风系统立体示意图

2.4.2　矿井通风系统数学描述

由于通风系统是一个巷道众多且交错的复杂立体结构，通过通风系统示意图难以直接分析井下通风情况以及各个用风地点的用风情况，因此引入图论来表示各个巷道之间的关系。根据矿井实际情况将矿井通风系统抽象成一组网状图，便形成了通风网络图[80]。将巷道抽象为分支，巷道交点抽象为节点，则可认为通风网络图是由节点集合和分支集合构成的。图 2-2 为某矿井通风系统网络图。

节点和分支之间的关系称为该网络的拓扑结构，节点和分支集合可记为式(2-1)、式(2-2)。

$$V = \{v_1, v_2, \cdots, v_n\} \tag{2-1}$$

$$E = \{e_1, e_2, \cdots, e_m\} \tag{2-2}$$

式中，n 为该网络中节点总数；m 为该网络中分支总数。

则通风网络图可以表示为 $G=(V,E)$。

为了更加清楚地表示矿井通风网络中节点和分支之间的关系，选择矩阵来描述[81]，表示节点和分支之间的关系的矩阵称为关联矩阵，记作 $\boldsymbol{B}=(b_{ij})_{m\times n}$，其中 b_{ij} 为示性函数，其表达式如式(2-3)所示。

$$b_{ij} = \begin{cases} 1 & (v_i\ 为\ e_j\ 的始节点) \\ -1 & (v_i\ 为\ e_j\ 的末节点) \\ 0 & (v_i\ 与\ e_j\ 不关联) \end{cases} \tag{2-3}$$

为了更加清楚地表示分支与回路之间的关系，选择回路矩阵来描述[82]，记作 $C=(c_{kj})_{(n-m+1)\times n}$，其中 $n-m+1$ 为该网络图中的独立回路数，c_{kj} 同样是示性函数，其表达式如式(2-4)所示。

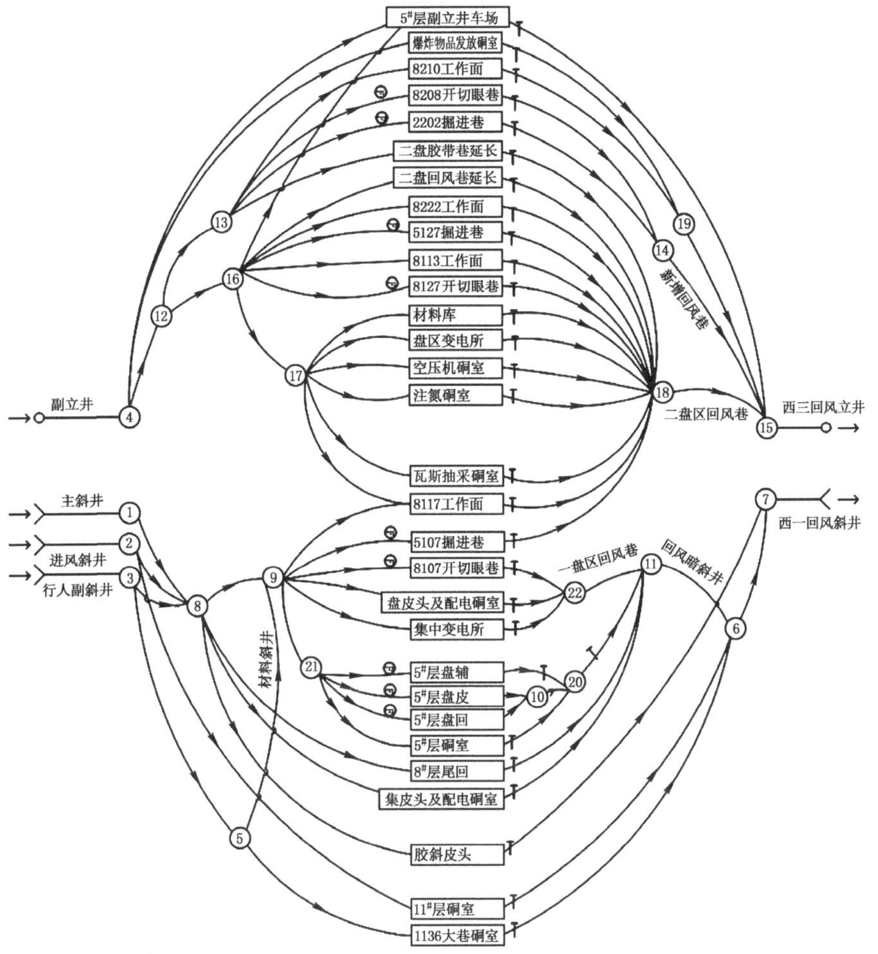

图 2-2　某矿井通风系统网络图

$$c_{kj}=\begin{cases}1 & (e_j\ \text{在回路}\ c_k\ \text{中且同向})\\ -1 & (e_j\ \text{在回路}\ c_k\ \text{中且反向})\\ 0 & (e_j\ \text{不在回路}\ c_k\ \text{中})\end{cases} \tag{2-4}$$

为了更清楚地表达独立割集与分支之间的关系，选择割集矩阵来描述[83]，记作 $\boldsymbol{D}=(d_{lj})_{(m-1)\times n}$，其中 $m-1$ 为该网络中割集数，d_{lj} 为示性函数，其表达式如式(2-5)所示。

$$d_{lj}=\begin{cases}1 & (e_j\text{ 在割集 }d_l\text{ 中且同向})\\-1 & (e_j\text{ 在割集 }d_l\text{ 中且反向})\\0 & (e_j\text{ 不在割集 }d_l\text{ 中})\end{cases} \tag{2-5}$$

2.5 矿井通风系统优化调控基础理论

2.5.1 通风系统定律

(1) 风量平衡定律

风量平衡定律是指在通风网络中任意时间流入某节点的风量和流出该节点的风量相等[84]，表达式如式(2-6)所示。

$$\sum_{j=1}^{n}b_{ij}Q_j=0\quad(i=1,2,\cdots,m-1) \tag{2-6}$$

式中，b_{ij} 为关联矩阵中的元素；Q_j 为分支 j 的风量，m^3/s。

(2) 风压平衡定律

风压平衡定律是指在通风网络中任意一个回路中所有分支阻力、风机机械风压以及自然风压代数和为 0[85]，表达式如式(2-7)所示。

$$\sum_{j=1}^{n}c_{ij}R_jQ_j^2-\sum_{j=1}^{n}c_{ij}(P_j+F_jQ_j)=0 \tag{2-7}$$

式中，P_j 为第 j 条分支的自然风压，Pa；F_jQ_j 为第 j 条分支的机械风压，Pa。

(3) 通风阻力定律

在矿井通风网络中，任一分支的风压、风量和风阻均满足阻力定律，即任一分支的风压可通过风量的平方与风阻乘积获得[86]，如式(2-8)所示。

$$H_j=R_jQ_j^2 \tag{2-8}$$

式中，H_j 为第 j 条分支的风压，Pa。

2.5.2 通风网络解算

矿井通风网络解算是解决复杂的矿井通风系统的风量分配问题的理论基础[87]，是矿井通风网络分析中最重要的部分。通风网络解算是指在风网结构、各分支风阻、自然风压以及风机特性已知条件下求解风流分布的过程[88]。自从 1982 年波兰学者 H. Czecot 提出至今，涌现出大量的通风网络解算方法，包括早期的物理模拟法[89]、图解法[90]，以及随后提出的解析法[91]、简单网络数值法[92]。随着计算机的普及和发展，数值法得到了飞速发展，按照数学模型可以分为回路法[93]、节点法[94]、割集法[95]，如图 2-3 所示。

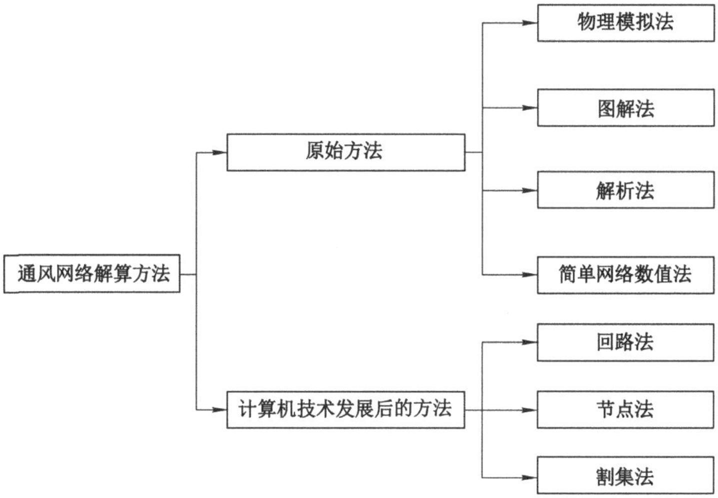

图 2-3 通风网络解算方法图

目前国内外学者在对矿井通风网络进行解算时，尤其是编写计算机解算程序时，最常用的方法就是回路法。本书解算过程也依据回路法的基本原理，对回路法进行简单介绍[96-98]。

在有向连通图 $G=(E,V)$ 中，有 m 个节点和 n 条分支，如果 T 是有向连通图 $G=(E,V)$ 的一个生成子图，且 T 是一棵树，那么 T 就是有向连通图 $G=(E,V)$ 的一棵生成树，如果 T 中的每一条边都是按照权值最小的条件生成的，那么 T 就是有向连通图 $G=(E,V)$ 的最小生成树。最小生成树确定之后就可以确定余树，因为在最小生成树中加入任何一条余树就可以形成一条回路，所以求解最小生成树是求解余树的前提，也是求解回路的前提。

(1) 确定最小生成树

由回路矩阵的定义可知，假设图 $G=(E,V)$ 为一个有向连接图，维数为 $m\times n$，在回路方向预先标定好的情况下，各个分支与某回路之间的关系可以用一个矩阵 $\boldsymbol{C}=(c_{kj})_{(n-m+1)\times n}$ 表述。

在连通图 $G=(E,V)$ 中，节点数为 m，分支数为 n，那么这个回路矩阵的秩应该为 $n-m+1$。在生成最小生成树的过程中，根据图论中点和线的关系可以知道，在最小生成树中有 $m-1$ 条分支，而总分支数为 n，那么可以得到 $n-(m-1)$ 余树分支，因为一个余树可以构成一条回路，所以在连通图 $G=(E,V)$ 中余树分支的数量等于回路的个数，在节点数为 m、分支数为 n 的图中有 $n-m+1$ 条回路。

如果在计算回路矩阵的时候将图中的余树放在树枝的前面，就可以得到秩为 $n-m+1$ 的一个矩阵，它是一个各行线性无关的矩阵，称其为独立回路矩阵。独立回路矩阵可以表示为：

$$\boldsymbol{C}_f = [\boldsymbol{C}_{11}, \boldsymbol{C}_{12}]$$

式中，$\boldsymbol{C}_{11}$ 为 $n-m+1$ 阶单位矩阵；$\boldsymbol{C}_{12}$ 为对应树枝的 $(n-m+1)\times(m-1)$ 阶矩阵。

在构造连通图 $G=(E,V)$ 的关联矩阵和回路矩阵时，如果将图 $G=(E,V)$ 中的各个分支按照余树分支在前，树枝分支在后的顺序排列，那么可以得到关联矩阵和回路矩阵的关系式：$\boldsymbol{BC}^{\mathrm{T}}=[0]$ 或者 $\boldsymbol{CB}^{\mathrm{T}}=[0]$。

所以，在计算得出图 $G=(E,V)$ 的关联矩阵后，可以通过关联矩阵和回路矩阵的上述关系式，计算得出图 $G=(E,V)$ 的回路矩阵。

(2) 风机曲线拟合

风量赋初始值是通风网络解算的重要步骤之一。在网络迭代开始之前要为各个分支初拟一个接近真实值的风量。首先为余树赋予风量值，然后根据风量平衡定律，以赋予余树的风量值为基础，计算得出回路中其他分支的初始风量值。

在程序的执行过程中，分支初始风量的计算可以根据管理矩阵和回路矩阵来完成。通常而言，节点风量平衡方程可以写成：

$$\sum_{j}^{n} b_{ij} q_j = 0 \quad (i = 1,2,\cdots,m-1; j = 1,2,\cdots,n) \tag{2-9}$$

以矩阵形式表述可写成 $\boldsymbol{BQ}=0$，其中 $\boldsymbol{Q}$ 为风量的列矩阵，所以当通风网络满足节点风量平衡方程时，不能保证所有分支风量都独立，那么一部分风量就可以用独立的风量表示，即这部分不独立风量为独立风量的函数，所以可以将公式 $\boldsymbol{Q}^{\mathrm{T}}=[q_1, q_2, \cdots, q_n]$ 分块表示为：

$$\boldsymbol{Q} = \begin{bmatrix} \boldsymbol{Q}_1 \\ \boldsymbol{Q}_2 \end{bmatrix} \tag{2-10}$$

式中，$\boldsymbol{Q}_1$ 为对应余数的风量矩阵，$\boldsymbol{Q}_2$ 为对应树枝的风量矩阵。

可进一步得到：

$$[B_{11}, B_{12}]\begin{bmatrix} \boldsymbol{Q}_1 \\ \boldsymbol{Q}_2 \end{bmatrix} = B_{11}\boldsymbol{Q}_1 + B_{12}\boldsymbol{Q}_2 = 0 \tag{2-11}$$

因此，对于一个通风网络，如果对所选的余树分支赋予初始风量值，可以根据式(2-11)求出树枝分支的风量值，其可以满足节点风量平衡定律的基本关系。

在通风网络解算迭代过程中，如果回路中的某一分支为装有风机的分支，那么在计算回路分压的时候，要将风机风压加入迭代过程进行计算。一般来讲，风机的性能曲线是已知的，但是在风网解算过程中，要根据风机的不同工况点求解对应的工作风压，所以要根据风机性能曲线来求解风机曲线表达式，以便在程序运行过程中根据不同风量求取对应的风压值。在本书中采用分段曲线拟合的方法对风机的性能曲线进行拟合，求取其二阶多项式。

对于轴流式通风机来讲，其正常工作段风机曲线的表达式为：

$$H_{fi}=\begin{cases}C_1+C_2Q_i+C_3Q_i^2 & (Q_i\geqslant Q_1)\\ H_1 & (Q_i<Q_1)\end{cases} \tag{2-12}$$

式中，Q_i 为风机 i 的风量，m^3/s；H_{fi} 为风机 i 的风压，Pa；Q_1 为风机曲线第一点对应的风量，m^3/s。

要拟合风机性能曲线，可以在风机曲线上选择 3 个点，选取风机正常工作的上限点为第 1 个点，选取高效工作点为第 2 个点，选取正常工作段的下限点为第 3 个点。3 个点分别对应一组分级的风量值 Q 与风压值 H，那么就可以列出 3 组含有 3 个位置量的一阶多元方程组。

所以，只要在风机曲线上选取 3 个代表性的点，根据这 3 个点对应的风量风压值，即可求解风机性能曲线。在迭代过程中，根据此曲线可求解对应风量的风压值，采用这种方法求解得到的曲线的精度可以满足迭代计算需要。

(3) 迭代计算

迭代计算是对通风网络中各个分支风量进行不断修正的过程，对于给定的初始风量值，虽然满足节点风量平衡方程，但不一定满足回路风压平衡方程，所以需要计算风量修正值 ΔQ 对回路中各个分支的风量进行修正。迭代的过程如下：

① 对余树分支赋初始风量值 $Q_i(i=1,2,\cdots,m)$。

② 根据赋予余树分支初始风量值，计算其余树枝的风量值 Q_j。

③ 按照公式

$$\Delta q_{yi}^k=-\frac{\sum_{l=1}^{n}c_{ij}R_lq_l\left|q_l^k\right|-p_i}{2\sum_{l=1}^{n}c_{ij}R_l\left|q_l^k\right|-\left.\frac{\mathrm{d}p_i}{\mathrm{d}q_{yi}}\right|_{Q_y=Q_y^k}}\quad(i=1,2,3,\cdots,b) \tag{2-13}$$

计算风量修正值 $\Delta Q_i(i=1,2,\cdots,m)$。

④ 检查风量修正值 ΔQ_i 是否达到预设求解精度，如果达到精度，则结束迭代，完成解算；如果没有达到求解精度，那么执行步骤⑤。

⑤ $Q_i^{k+1}=Q_i^k+\Delta Q_i$，然后返回步骤③。

通风网络解算流程图如图 2-4 所示。

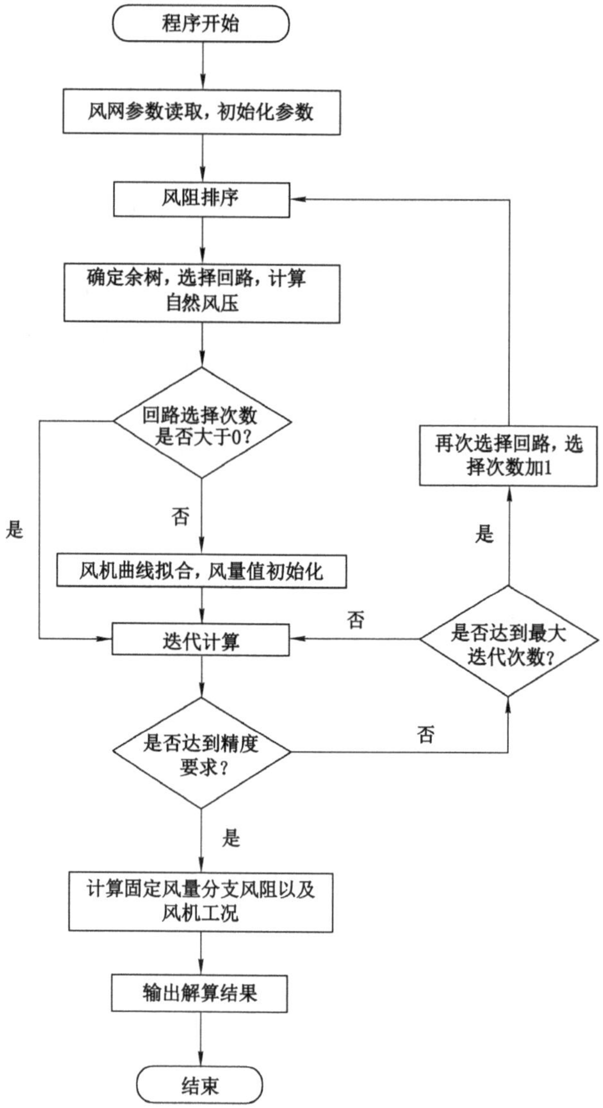

图 2-4　通风网络解算流程图

2.5.3　通风系统优化调节实现方式

(1) 增阻调节

增阻调节是通过改变风窗、风门、风眼等通风构筑物的开合角度来实现增大该分支风阻的，目前常用的风量调节方式就是增阻调节，对于巷道中风量过剩或者风量不足等情况，增阻调节法能够实现快速调节，但该调节方法容易造成能源浪费[99]。对于完成采掘任务的工作面或者报废的巷道，可以通过增加密闭墙等方式将巷道阻力迅速增大，从而减少风量浪费。

（2）降阻调节

降阻调节同样通过改变通风构筑物的开合角度来调节巷道阻力，其他常见的降阻调节方式包括扩大断面面积、增大转弯巷道的曲率半径、改变支护方式减小摩擦阻力、增加降阻巷等方法[100]。从能源节约角度来讲，降阻调节是首选优化方法，特别是对于矿井主要通风机无法改变通风能力的矿井。

（3）增压调节

增压调节通常通过在矿井中增加局部通风机等措施调节局部风量，适用于通风机通风能力不足或者调节阻力过大等情况，一般在掘进巷道等未贯通的巷道中增加局部风机进行风量调节[101]。

2.6 矿井通风系统优化研究现状

2.6.1 矿井通风系统优化

随着矿井不断开采，矿井通风管理及维护成为一项极其复杂的工作，矿井通风系统电费约占矿井总费用的三成，一旦管理不到位，将会造成严重的电能浪费，因此矿井通风系统优化逐渐得到重视。早期研究人员无法解决复杂的优化问题，只能通过经验来解决问题。随着计算机技术的发展，矿井通风系统优化研究得到了飞速发展。

根据风量分配方式，通风系统分风可以分为自然型、控制型和一般型。自然型分风没有通风动力装置，也没有调节装置，因此通风功耗最低，但是无法对其进行调节[102]。现实中仅依靠自然通分无法满足生产需求，需要增加动力装置和调节装置。调节风量时运用风阻定律，通过给定分支的风阻和风量，可以计算分支风压。上述问题属于线性规划问题，便于解决。而一般型分风，既包括自然分风，也包括控制分风。在该类矿井通风系统优化时，一般建立通风能耗最低的目标的模型，同时还需满足各种约束条件，求解该问题是一个很大的挑战[103]。复杂矿井具有多分支、多调节选择的特点，解算具有多样性，因此如何选择一种既能满足生产需求，又能降低成本的调节方案，成为该领域研究重点。

2.6.2 矿井通分系统优化研究现状

矿井通风系统优化中，部分分支风阻、风量已确定，其余为待求解，以最小调节功耗为目标函数，以通风基本定律以及《煤矿安全规程》相关要求为约束条件，构成非线性约束问题，要求求解调节位置及风阻调节量，一些简单矿井一般通过解析法解决[104]。大多数煤矿由于其复杂性，以及约束条件包含一些不等式，采用解析法很难解决该问题，一些学者引入数值迭代方法，但是该方法容易陷入局部最优[105]。随着智能算法的发展以及在各领域的成功应用，专家学者开始将智能算法引入通风系统优化领域。

K. Y. Chen 等[106]提出一种改进微分评价和关键路径法，首先利用微分进化过程搜索风量分布的可行解，然后通过 CPM 求解调节的最优解，该方法保持了解的多样性，同时能够提高全局搜索能力，降低了通风系统能耗。刘增全[107]采用遗传算法对通风系统进行优化，通过交叉和变异操作，再经过不断的迭代，最终能够得到最低功耗的解，但是该方法求解时间过长，不适合实际工程应用。邵良杉等[108]采用基于模拟退火与改进粒子群算法对该问题进行优化，从而降低了 25.3％的通风能耗。张兴国等[109]采用 ACPSO 算法对通风网络解算进行研究，得到的风量优化方案具有最小的通风总能耗。苏义鑫等[110]采用改进遗传算法对网络最优权值和阈值进行全局搜索，并用 BP 算法进行局部寻优，最终得到风速预测值。吴新忠等[111]在烟花算法中加入精英反向学习策略，加强了算法在空间邻域中的搜索，从而提高了全局搜索能力。

U. Y. Shamir 等[112]采用灵敏度来研究流体网络，并结合网络解算算法，提高了风网解算的迭代速度。Y. J. Wang 等[113]采用工程网络的关键路径法，并结合割集计算法确定了通风网络中各分支之间的对应关系，得到了通风系统优化的最佳调节方案。陈开岩等[114]综合考虑了风机功耗、风网动态参数和优化模型的适用性等因素，提出了通风网络非线性数学模型与优质算法，具有很好的应用价值。J. L. Song[115]提出了一种基于 IPSO-TS 算法的矿井通风网络风量优化方法，并将矿井总功耗降低了 43.27％，有效解决了矿井能耗过高的问题。T. B. Johnson 等[116]提出了矿井通风系统智能控制的想法，通过监测井下通风环境参数，可以使计算机管理系统对通风系统进行调节控制。M. A. Tuck 等[117]为了解决多风机和调风装置的复杂分风问题，提出一种网络规划瑕疵法来寻找最优的调风方案，实现了对通风系统的优化控制。

2.7 矿井风量调节技术研究现状

2.7.1 矿井风量调节技术

在矿井采掘过程中，其通风网络结构也会随之发生变化，进而各个分支风量出现相应变化，传统的风量分配方法难以满足各分支风量需求，严重的会引起瓦斯集聚等问题[118]。因此风量优化调节方案的研究成为一项关键技术。

风量调节主要分为两种主要方法：一种是对通风网络进行优化，以矿井通风功耗最低为优化目标，通过调风设施来优化未知分支的风量，以此来完成风量调节[119]；另一种是按需分风，在全部分支风量和风阻已知条件下，满足通风系统定律，从而寻找最优的风量分配方案[120]，国内外很多专家学者对此展开了深入研究，提出了一系列风量调节方法。

2.7.2 矿井风量调节技术研究现状

T. B. Johnson[121]解决了多风机和多调风装置的复杂分风问题，提出一种局域网络规划法来寻优控风方案，从而实现了通风系统优化调控。B. Marzilger等[122]提出了矿井通风系统智能化控制的设想，通过传感器监测井下的通风环境参数，并使用计算机管理系统对通风系统进行调节控制，为通风系统智能化提供了指导思想。布利登公司在Laiswall矿安装了矿井通风调控系统，对主通风机、井下通风构筑物等实现了远程控制，有效降低了功耗[123]。史东涛等[124]引入灵敏度概念来研究可调分支风阻的临界区，通过调节敏感分支分组对风量进行调节。丰胜成等[125]基于分支敏感性，进一步提出一种风量调节分支的优化选择方法，能够快速、准确找到最有效的调节分支，为风量调节提供了新的思路。C. L. WANG等[126]通过研究通风系统中分支的可调性，找到分支风阻与风量之间的关系，提出通风网络的控制措施。

2.8 矿井主要通风机倒机控制研究现状

2.8.1 矿井主要通风机倒机控制

矿井主要通风机是通风系统的动力装置，为井下提供新鲜空气，并将瓦斯等有毒有害气体抽出井外，一旦出现停风或者风量波动过大等情况，会对井下工作人员及器械安全造成极大的危害[127]。因此《煤矿安全规程》规定，每个回风井处需要安装两套同等能力的通风装置，其中一套作为备用，备用风机能随时启停，且时间不能超过 10 min，每个月要对主要通风机进行一次检查并每月轮换一次。目前国内大多数煤矿操作流程都是先关闭正在运行的风机，然后将备用风机接入通风系统。对于高瓦斯矿井，在风机倒换时间段内很容易造成瓦斯积聚，浓度超标，并且一旦备用风机开启失败，会给井下造成极大的危险，国内曾多次发生备用风机启动失败事故，因此风机切换过程直接影响矿井安全[128-129]。

2.8.2 矿井主要通风机倒机控制研究现状

为了消除传统风机倒机模式存在的安全隐患，国内外很多专家学者提出了不停风倒机方案。于励民等[130]、吴新忠[131]提出的不停风倒机方案已经在国内大多煤矿中进行实际应用，相比传统的停机倒风，煤矿通风系统安全系数有了很大的提高，达到了不停风倒机的目的，但是风量波动依然很大。董素铃[132]提出基于模糊控制的自动控制系统，大幅度降低了风量波动，但是对于高瓦斯矿井，依然存在危险。Q. J. Wang 等[133]通过结合分支流体动力学和图论首次提出动态模型，并根据固定限流的概念，开发了一种激励控制策略，但是由于其动态模型过于复杂，且应用传统算法进行求解，运行速度慢。H. Q. Ge 等[135-135]提出一种基于改进粒子群算法的矿井主要通风机不停风倒机系统，成功将矿井风量波动降低到 10%以下，但是该系统并不能实现实时监测以及风机切换。任子晖等[136]通过试验对风门开合角度以及风阻系数之间的数学关系式进行研究，采用 RBF 神经网络建立模型，对不停风系统进行仿真，通过风门角度的变化来控制井下风量，避免了井下风量大幅度波动的情况。由于矿井通风系统是一个高耦合、非线性的复杂系统，采用上述方法依然会使井下风量波动很大，或者倒机时间过长，尤其是高瓦斯矿井，依然存在很大危险，所以还需要进一步改进。

2.9 本章小结

本章首先对复杂系统优化调控研究现状进行总结分析，接下来对元启发式算法的研究现状进行阐述，主要针对均衡优化器算法、鸽群算法等进行阐述，其次针对多目标优化算法发展现状进行研究，对矿井通风系统的构成和数学描述进行详细说明，然后针对矿井通风系统的优化调控需要的理论基础进行阐述，最后对矿井通风系统优化研究现状、矿井通风系统风量调节技术研究现状、主要通风机调控研究现状进一步研究。

3 基于三角函数改进均衡优化器算法的复杂系统单目标优化方法研究

3.1 引言

复杂系统是由大量互相作用的组件组成的系统，具有非线性、动态、不确定等性质，因此复杂系统优化已经成为该领域重点研究问题之一。为了更好地对复杂系统进行优化，书中提出了一种基于改进均衡优化器算法的复杂系统单目标优化方法。首先，利用混沌映射对种群进行初始化；其次，引入三角函数调整策略来改进索引，提高了算法的全局开发能力，同时可以提高后期的局部搜索能力，然后引入高斯扰动，增强粒子的多样性，避免陷入局部最优；最后，引入一个学习因子来提高生成率，提高算法的完整性，并与其他算法进行比较。仿真结果表明，改进算法的性能明显优于其他算法的。为了验证其工程效果，应用该方法对中煤华晋集团有限公司王家岭矿通风系统进行工程验证，建立了以矿井通风网络总能耗最低为目标的非线性优化模型，结果表明，通风系统能耗降低了 17.83%。这种方法每年可节省约 200 万元。经济效果显著，达到了节能减排的目的，验证了该方法的有效性。

3.2 均衡优化器算法介绍

均衡优化器算法是由 A. Faramarzi 等[49]在 2019 年受物理质量平衡方程的启发而提出的一种新的智能优化算法，其优点是可以根据探索和开发来随机改变解，均衡优化器的粒子浓度类似于 PSO 算法的粒子和位置，表示搜索代理。这个搜索代理随机更新浓度，并将目前搜索到的最好的解命名为平衡候选解，最终达到平衡状态。

3.2.1 启发

EO 算法受到物理质量平衡方程的启发。质量平衡方程通过在控制器中控制体积中输入质量、输出质量和生产质量提供物理基础。一阶微分方程代表一般质量平衡方程，其中质量随时间的变化等于进入系统的质量减去离开系统的质量加上原始质量，描述如式(3-1)所示。

$$V\frac{\mathrm{d}C}{\mathrm{d}t}=QC_{\mathrm{eq}}-QC+G \tag{3-1}$$

式中，V 为控制容量；C 为控制容量中粒子的浓度；$V\dfrac{\mathrm{d}C}{\mathrm{d}t}$为控制器中质量改变速率；$Q$ 为进出控制器的流动速率；C_{eq}为没有迭代时候控制器内的粒子处于平衡状态时的浓度；G 为控制器内质量生成速率。

当 $V\dfrac{\mathrm{d}C}{\mathrm{d}t}=0$ 时达到了一个平衡状态，$\lambda=\dfrac{Q}{V}$在书中定义为周转率，$\dfrac{Q}{V}$为停留时间的反比。重新整理后的公式如(3-2)所示。

$$\frac{\mathrm{d}C}{\lambda C_{\mathrm{eq}}-\lambda C+\dfrac{G}{V}}=\mathrm{d}t \tag{3-2}$$

式(3-2)对时间积分得：

$$\int_{C_0}^{C}\frac{\mathrm{d}C}{\lambda C_{\mathrm{eq}}-\lambda C+\dfrac{G}{V}}=\int_{t_0}^{t}\mathrm{d}t \tag{3-3}$$

结果如式(3-4)所示。

$$C=C_{\mathrm{eq}}+(C_0-C_{\mathrm{eq}})F+\frac{G}{\lambda V}(1-F) \tag{3-4}$$

式中，F 的计算公式如式(3-5)所示。

$$F=\exp[-\lambda(t-t_0)] \tag{3-5}$$

式中，t_0、C_0 分别为初始状态的时间和浓度。

EO 算法用式(3-4)作为算法设计的全部框架。从式(3-4)可以看出，有 3 个量对 EO 算法的搜索和更新有影响。下面内容将探讨算法和其更新细节。

3.2.2 均衡池及其候选解

平衡状态是算法最终的收敛状态，是全局最优的。EO 算法构建一个向量称为均衡池，在这里提供均衡候选粒子。通过实验确定均衡池中的 5 个候选解，其中 4 个是整个优化过程中识别的最佳粒子。另外 1 个是上述 4 个的数学平均值，4 个最佳粒子有助于更好地探索搜索空间，平均值有助于开发。均衡池向量描述如式(3-6)所示。

$$\boldsymbol{C}_{\mathrm{eq,pool}}=\{\boldsymbol{C}_{\mathrm{eq}(1)},\boldsymbol{C}_{\mathrm{eq}(2)},\boldsymbol{C}_{\mathrm{eq}(3)},\boldsymbol{C}_{\mathrm{eq}(4)},\boldsymbol{C}_{\mathrm{eq(ave)}}\} \tag{3-6}$$

值得一提的是，在每次迭代过程中，每个粒子的更新采用随机选择的方法，因此，每个候选解的每个个体更新时间是大致相同的。

3.2.3 F 指数

指数(F)在平衡 EO 算法的开发与探索过程中起到了十分重要的作用，计算公式如式(3-7)所示。

$$F = e^{[-\boldsymbol{\lambda}(t-t_0)]} \tag{3-7}$$

式中，$\boldsymbol{\lambda}$ 为一个在[0,1]之间的随机向量；t 为一个迭代函数，随着迭代次数增加逐渐减小，计算公式如式(3-8)所示。

$$t=\left(1-\frac{\text{Iter}}{\text{Max\_iter}}\right)^{\alpha_2 \frac{\text{Iter}}{\text{Max\_iter}}} \tag{3-8}$$

式中，Iter 和 Max_iter 分别代表当前和最大迭代次数；t_0 的计算公式如式(3-9)所示。

$$\boldsymbol{t}_0 = \frac{1}{\boldsymbol{\lambda}}\ln[-\alpha_1 \text{sign}(\boldsymbol{r}-0.5)(1-e^{-\lambda t})]+t \tag{3-9}$$

式中，α_1 和 α_2 控制探索和开发能力，α_1 的值越大，探索能力越强，开发能力越弱。α_2 的值越大，开发能力越强，探索能力越弱。本书中 α_1 和 α_2 分别等于 2 和 1，sign($\boldsymbol{r}$−0.5)表示开发和探索的方向。

上述等值写成式(3-10)。

$$\boldsymbol{F} = \alpha_1 \text{sign}(\boldsymbol{r}-0.5)(e^{-\lambda t}-1) \tag{3-10}$$

3.2.4 生成率 G

生成率 G 能够使 EO 算法通过提升开发阶段来提供准确的解。文献[49]使用一阶指数衰减速率来定义生成速率，如式(3-11)所示。

$$\boldsymbol{G} = \boldsymbol{G}_0 e^{-\boldsymbol{k}(t-t_0)} \tag{3-11}$$

式中，$\boldsymbol{G}_0$ 为初始值；$\boldsymbol{k}$ 为一个衰减常数向量，等于 $\boldsymbol{\lambda}$，因此生成率最终的表达式如式(3-12)所示。

$$\boldsymbol{G} = \boldsymbol{G}_0 e^{-\boldsymbol{k}(t-t_0)} = \boldsymbol{G}_0\boldsymbol{F} \tag{3-12}$$

式中，

$$\boldsymbol{G}_0 = \text{GCP}(\boldsymbol{C}_{\text{eq}}-\boldsymbol{\lambda}\boldsymbol{C}) \tag{3-13}$$

$$\text{GCP} = \begin{cases} 0.5r_1 & (r_2 \geqslant \text{GP}) \\ 0 & (r_2 < \text{GP}) \end{cases} \tag{3-14}$$

式中，r_1 和 r_2 为在[0,1]之间的随机数；GCP 为生成有助于更新过程的概率，称为生成速率控制参数，这个概率的特殊贡献是很多例子用这个生成项来更新状态。

GCP 从式(3-14)中获取，GP(GP＝0.5)被称为生成可能性，作用是在开发和探索之间形成一个好的平衡，最终 EO 算法的更新如式(3-15)所示。

$$\boldsymbol{C} = \boldsymbol{C}_{\text{eq}} + (\boldsymbol{C}_0 - \boldsymbol{C}_{\text{eq}})\boldsymbol{F} + \frac{\boldsymbol{G}}{\boldsymbol{\lambda} V}(1 - \boldsymbol{F}) \tag{3-15}$$

式中，V 为一个单位。

式(3-15)中第一部分是平衡浓度，第二部分和第三部分分别代表浓度的变化。在 EO 算法中，第二部分负责在搜索空间中进行全局搜索找到一个最优的点，第三部分帮助这个解更精确。此外值得一提的是，EO 算法有一个粒子记忆保存机制，帮助提升算法的探索能力。

3.3 基于三角函数的改进均衡优化器算法研究

3.3.1 混沌映射初始化种群

混沌映射序列的遍历性、随机性等特点被广泛应用于对搜索问题优化。为了使个体更具多样性，初始粒子尽可能均匀分布在搜索空间内。由于猫映射结构简单，不易陷入小循环和周期不动点，故本书采用猫映射[137]来生成初始种群。猫映射的表达式如式(3-16)所示。

$$\begin{bmatrix} x_{i+1} \\ y_{i+1} \end{bmatrix} = \begin{bmatrix} b_1 & b_2 \\ b_3 & b_4 \end{bmatrix} \begin{bmatrix} x_i \\ y_i \end{bmatrix} \text{mod} 1 \tag{3-16}$$

式中，b_1、b_2、b_3、b_4 为映射系数，为正整数，满足关系式(3-17)；x_{i+1}、y_{i+1} 为映射后的坐标；x_i、y_i 为映射前的坐标；mod1 为映射系数的小数部分。

$$b_1 b_4 - b_2 b_3 = 1 \tag{3-17}$$

通过猫混沌映射后产生的初始化种群可以用式(3-18)表示。

$$C' = [c'_{i1}, c'_{i2}, \cdots, c'_{id}] \tag{3-18}$$

3.3.2 改进指数 F

在均衡优化算法中，指数 F 在平衡均衡优化器算法的开发和探索过程中起到了非常重要的作用，α_1 和 α_2 控制探索和开发能力，α_1 的值越大，探索能力越强，开发能力越弱。α_2 的值越大，开发能力越强，探索能力越弱。标准 EO 算法中使用常数来控制两个参数变化，因此会导致算法不能根据迭代进行自适应调整开发能力和探索能力，会出现寻优不稳定等情况。在优化开始时设置一个较大的 α_1 值，并逐渐减小 α_1 值。设置一个较小的 α_2 值，并逐渐增大 α_2 的值，从而提高算法的全局开发能力，避免陷入局部最优，同时能够提高后期的局部搜索能力。因此采用引入三角函数的调整策略对参数 α_1 和 α_2 进行改进,改进后的参数如式(3-19)和式(3-20)所示。

$$\alpha_1 = a + (b - a) \cdot e^{\left[-20 + \left(\frac{t}{T_{max}}\right)^{10}\right]} + 0.1 \tag{3-19}$$

$$\alpha_2 = c + d \cdot \cos(\alpha_1 \pi) \tag{3-20}$$

式中,a,b,c,d 为常数。

α_1 和 α_2 的变化曲线如图 3-1 所示,可以看出,当迭代次数小于 170 次时,α_1 和 α_2 的值变化比较平缓,能够提高全局搜索速度;当迭代次数大于 170 次而小于 240 次时,α_1 和 α_2 的值变化较大,能够使粒子浓度向最优平衡浓度靠近;当迭代次数大于 240 次而小于 300 次时,α_1 和 α_2 值的变化再次变得平缓,保证了局部搜索的精度。同时二者能够互相制约,保证了前期的搜索速度,避免陷入局部最优,从而很好地平衡了开发能力和探索能力。

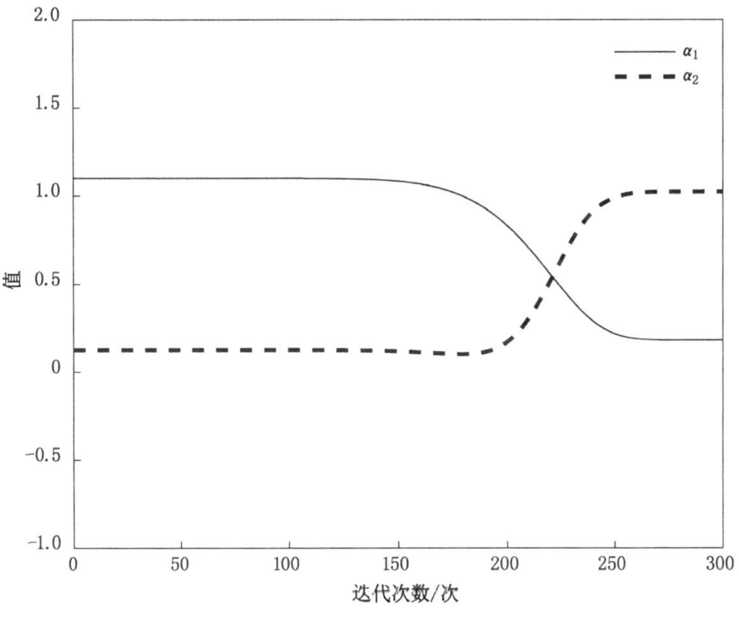

图 3-1 α_1 和 α_2 的关系图

3.3.3 引入高斯扰动

标准 EO 算法构建的均衡池中有 5 个候选解,考虑到用该 5 个候选解来代表最佳的平衡浓度,仍然具有较大的改动空间。为了避免陷入局部最优,同时增强粒子的多样性,对 4 个最佳粒子进行微小高斯扰动[138],提高算法探索最优

值的能力,表达式为:

$$\boldsymbol{C}_{eq(i)}^{G}=\boldsymbol{C}_{eq(i)}[1+\mathrm{Gaussian}(\mu,\sigma^{2})]\quad(i=1,2,3,4)\tag{3-21}$$

$$\boldsymbol{C}_{\mathrm{eq,pool}}^{G}=\begin{cases}\boldsymbol{C}_{\mathrm{eq,pool}}^{G} & (f(\boldsymbol{C}_{\mathrm{eq,pool}}^{G})<f(\boldsymbol{C}_{\mathrm{eq,pool}}))\\ \boldsymbol{C}_{\mathrm{eq,pool}} & (\text{其他})\end{cases}\tag{3-22}$$

式中,$\boldsymbol{C}_{\mathrm{eq}(i)}^{G}$为扰动后均衡池中的 4 个粒子浓度;Guassian()为高斯函数;μ 为平均值;σ 为方差;$\boldsymbol{C}_{\mathrm{eq,pool}}^{G}$为扰动后的均衡池;$f()$为适应度函数。

通过对 $\boldsymbol{C}_{\mathrm{eq(i)}}$ 进行微小高斯扰动,使算法能够跳出局部极值,可有效提高算法的利用率和准确率。

3.3.4 改进指数G

生成率 G 能够使 EO 算法通过提升开发阶段的探索能力以求得更准确的解。标准 EO 算法中使用一阶指数衰减速率来定义生成速率,在浓度变化阶段引入一个学习因子 α_3,其表达式如式(3-23)所示。借助学习因子的学习能力,可以提高算法寻优时的平滑性,通过与 α_1 和 α_2 的互相合作,增强了算法的整体性,α_1、α_2、α_3 的关系如图 3-2 所示。

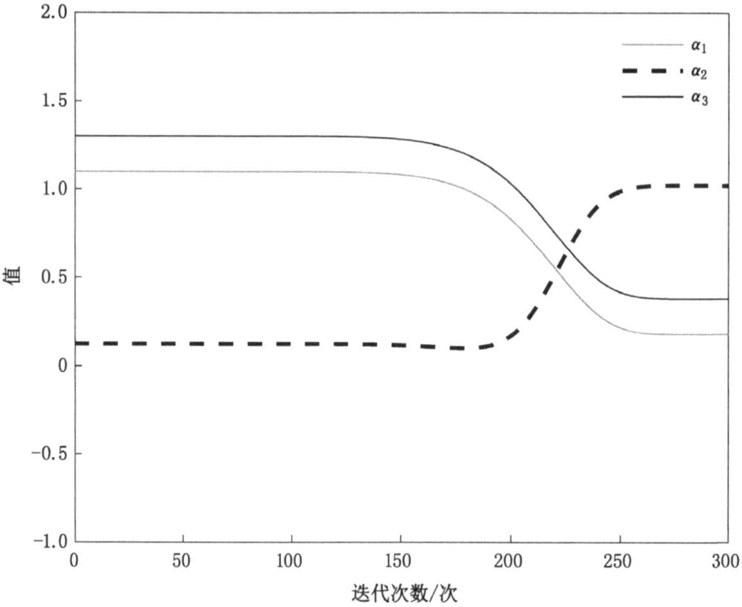

图 3-2　α_1、α_2、α_3 关系图

$$\alpha_3 = e + f\cos\left(\arccos\frac{\alpha_3 - c}{d}\right) \tag{3-23}$$

式中，e，f 为常数。

随着迭代次数的增加，学习因子逐渐减小，提高了算法后期的寻优精度。

因此式(3-15)改进为式(3-24)：

$$\boldsymbol{C}' = \boldsymbol{C}_{eq} + (\boldsymbol{C}_0 - \boldsymbol{C}_{eq})\boldsymbol{F} + \frac{\alpha_3 \boldsymbol{G}}{\boldsymbol{\lambda} V}(1 - \boldsymbol{F}) \tag{3-24}$$

3.4 仿真实验与分析

3.4.1 实验相关设置

实验环境为 Windows10，64 位操作系统，CPU 为 Inter Core i9-11950H，主频为 5.0 GHz，内存为 16 GB，算法基于 MATLAB2020b 编写。表 3-1 记录了算法名称及其参数设置。

表 3-1 算法名称及其参数设置

算法全称	缩写	参数设置
海洋捕食者算法(Marine Predators Algorithm)	MPA[139]	FADs=0.2，P=0.5
正弦余弦算法(Sine Cosine Algorithm)	SCA[140]	a=2
粒子群优化算法(Particle Swarm Optimization)	PSO[141]	w=0.7298；$c_1=c_2$=1.4962
被囊群优化算法(Tunicate Swarm Algorithm)	TSA[142]	—
均衡优化器算法(Equilibrium optimization)	EO[49]	a_1=2，a_2=1，GP=0.5
改进均衡优化器算法 (Improve Equilibrium optimization)	IEO	a=0.08，b=1，c=0.6， d=0.5，e=0.8，f=0.5

基于 16 个基准函数进行了仿真实验。表 3-2 显示了测试功能的详细信息。其中，函数 $F_1(x) \sim F_7(x)$ 为单峰基准函数，并且只有 1 个全局最优子午线，用于评估算法的收敛速度。函数 $F_8(x) \sim F_{13}(x)$ 为多模态基准函数，用于评估避免局部优化和探索的算法性能。函数 $F_{14}(x) \sim F_{16}(x)$ 为固定多维模态基准函数。

表 3-2　基准测试函数

函数	维度	范围	F_{min}
$F_1(x)=\sum_{i=1}^{n}x_i^2$	30	[−100,100]	0
$F_2(x)=\sum_{k=1}^{n}\lvert x_i\rvert+\prod_{k=1}^{n}\lvert x_i\rvert$	30	[−10,10]	0
$F_3(x)=\sum_{i=1}^{n}(\sum_{j=1}^{i}x_j)^2$	30	[−100,100]	0
$F_4(x)=\max_j\{\lvert x_i,1\leqslant i\leqslant n\}$	30	[−100,100]	0
$F_5=\sum_{i=1}^{n-1}[100(x_{i+1}-x_i^2)^2+(x_i-1)^2]$	30	[−30,30]	0
$F_6(x)=\sum_{i=1}^{n}(x_i+0.5)^2$	30	[−100,100]	0
$F_7(x)=\sum_{i=1}^{n}ix_i^4+\text{random}[0,1]$	30	[−1.28,1.28]	0
$F_8(x)=\sum_{i=1}^{n}-x_i\sin(\sqrt{\lvert x_i\rvert})$	30	[−500,500]	0
$F_9(x)=\sum_{i=1}^{n}[x_i^2-10\cos(2\pi x_i)+10]$	30	[−1.25,1.25]	0
$F_{10}(x)=-20\exp\left\{-0.2\sqrt{\frac{1}{n}\sum_{i=1}^{n}x_i^2}\right\}-\exp\left[\frac{1}{n}\sum_{i=1}^{n}\cos(2\pi x_1)\right]+20+e$	30	[−32,32]	0
$F_{11}(x)=\frac{1}{4\,000}\sum_{i=1}^{n}x_1^2-\prod_{i=1}^{n}\cos\left(\frac{x_i}{\sqrt{t}}\right)+1$	30	[−600,600]	0
$F_{12}(x)=\frac{\pi}{n}\left\{10\sin(\pi y_1)+\sum_{i=1}^{n-1}(y_i-1)^2[1+10\sin^2(\pi y_{i+1})]+(y_n-1)^2\right\}+\sum_{i=1}^{n}u(x_i,10,100,4)$ $y_i=1+\frac{x_i+1}{4}$　$u(x,a,k,m)=\begin{cases}k(x,-a)^m & (x_i>a)\\0 & (-a<x_i<a)\\k(-x,-a)^m & (x_i<-a)\end{cases}$	30	[−50,50]	0

表 3-2(续)

函数	维度	范围	$F_{\min}$
$F_{13}(x)=0.1\times\left\{\sin^2(3\pi x_1)+\sum_{i=1}^{n}(x_i-1)^2[1+\sin^2(3\pi_i+1)]+(x_n-1)^2[1+\sin^2(2\pi x_n)]\right\}+\sum_{i=1}^{n}u(x_i,5,100,4)$	30	[−50,50]	0
$F_{14}(x)=\left[\frac{1}{500}+\sum_{j=1}^{25}\frac{1}{j+\sum_{i=1}^{2}(x_i-a_{ij})}\right]^{-1}$	2	[−65,65]	1
$F_{15}(x)=\sum_{i=1}^{11}\left[a_i-\frac{x_1(b_i^2+b_ix_2)}{(b_i^2+b_ix_3+x_4)}\right]^2$	4	[−5,5]	0.000 30
$F_{16}(x)=4x_1^2+2.1x_1^4+\frac{1}{3}x_1^6+x_1x_2-4x_2^2+4x_2^4$	2	[−5,5]	−1.031 6

3.4.2 实验结果与分析

为了证明所提出的 IEO 的有效性和鲁棒性，将 IEO 算法与 MPA、SCA、PSO、TSA、EO 进行对比，同时将所有算法的种群数量设置为 30，最大迭代次数设置为 500。所有算法在 13 个基准测试函数上独立运行 50 次，并取 50 次的平均值和标准差作为最终的评估指标。具体实验数据见表 3-3，其中 Ave 表示平均最优适应值，Std 表示标准差，最好的结果加粗表示。

表 3-3 实验比较结果

F		MPA	SCA	PSO	TSA	EO	IEO
F_1	Avg	$4.744\,5\times10^{0}$	$3.189\,4\times10^{-7}$	$1.516\,5\times10^{-6}$	$8.895\,2\times10^{-20}$	$4.321\,9\times10^{0}$	**5.6668×10^{-44}**
	Std	$2.871\,8\times10^{1}$	$1.291\,9\times10^{-7}$	$1.958\,5\times10^{-6}$	$5.910\,6\times10^{-20}$	$1.016\,1\times10^{1}$	**$3.839\,5\times10^{-43}$**
F_2	Avg	$2.351\,0\times10^{-1}$	$1.982\,6\times10^{-4}$	$1.567\,0\times10^{0}$	$2.453\,7\times10^{-12}$	$1.821\,1\times10^{1}$	**$5.333\,8\times10^{-24}$**
	Std	$1.873\,0\times10^{-1}$	$1.892\,9\times10^{-4}$	$1.441\,2\times10^{0}$	$1.458\,2\times10^{-12}$	$9.834\,1\times10^{0}$	**$5.126\,4\times10^{-23}$**
F_3	Avg	$3.906\,2\times10^{2}$	$2.550\,8\times10^{-5}$	$1.782\,0\times10^{2}$	$5.312\,2\times10^{-4}$	$1.133\,5\times10^{3}$	**$2.356\,6\times10^{-25}$**
	Std	$5.127\,3\times10^{2}$	$3.365\,2\times10^{-6}$	$9.665\,6\times10^{2}$	$1.232\,0\times10^{-3}$	$6.578\,9\times10^{3}$	**$8.566\,4\times10^{-24}$**
F_4	Avg	$7.508\,9\times10^{0}$	$2.510\,3\times10^{-3}$	$1.082\,9\times10^{1}$	$3.425\,5\times10^{-1}$	$4.553\,4\times10^{0}$	**$0.000\,0\times10^{0}$**
	Std	$4.211\,7\times10^{0}$	$5.578\,8\times10^{-4}$	$3.086\,7\times10^{0}$	$4.573\,5\times10^{-1}$	$1.219\,0\times10^{0}$	**$0.000\,0\times10^{0}$**

表 3-3(续)

F		MPA	SCA	PSO	TSA	EO	IEO
F_5	Avg	$3.826\,7\times10^{1}$	$2.104\,5\times10^{1}$	$5.441\,8\times10^{2}$	$2.155\,8\times10^{2}$	$5.623\,6\times10^{3}$	**$2.884\,9\times10^{0}$**
	Std	$4.182\,1\times10^{1}$	**$1.211\,0\times10^{-1}$**	$2.295\,9\times10^{3}$	$4.835\,0\times10^{0}$	$6.200\,7\times10^{2}$	$1.555\,5\times10^{1}$
F_6	Avg	$3.262\,3\times10^{0}$	$2.178\,4\times10^{0}$	**$5.636\,8\times10^{-7}$**	$3.711\,5\times10^{1}$	$6.214\,7\times10^{1}$	$1.520\,0\times10^{-2}$
	Std	$9.618\,0\times10^{0}$	$1.353\,0\times10^{-1}$	**$8.830\,1\times10^{-7}$**	$8.856\,0\times10^{-1}$	$1.318\,3\times10^{1}$	$1.101\,0\times10^{-1}$
F_7	Avg	$5.402\,0\times10^{-1}$	$2.016\,6\times10^{0}$	$1.932\,0\times10^{-1}$	$1.250\,0\times10^{-3}$	$4.655\,0\times10^{-1}$	**$2.300\,0\times10^{-4}$**
	Std	$4.404\,0\times10^{-1}$	$5.378\,0\times10^{-1}$	$5.890\,0\times10^{-2}$	$3.200\,0\times10^{-2}$	$2.415\,0\times10^{-1}$	**$5.600\,0\times10^{-4}$**
F_8	Avg	$-1.078\,4\times10^{3}$	$-5.179\,0\times10^{2}$	**$-8.234\,4\times10^{3}$**	$-6.070\,3\times10^{2}$	$-5.657\,1\times10^{3}$	$-9.024\,7\times10^{1}$
	Std	$4.245\,3\times10^{2}$	$2.511\,3\times10^{2}$	$7.551\,7\times10^{2}$	$9.883\,6\times10^{2}$	$5.336\,9\times10^{2}$	**$6.513\,2\times10^{1}$**
F_9	Avg	$6.124\,9\times10^{0}$	$3.494\,5\times10^{-5}$	$5.628\,7\times10^{1}$	$5.679\,5\times10^{2}$	$6.719\,8\times10^{1}$	**$5.869\,4\times10^{-8}$**
	Std	$3.215\,4\times10^{0}$	$2.816\,4\times10^{-6}$	$1.562\,0\times10^{1}$	$1.631\,2\times10^{2}$	$8.232\,5\times10^{0}$	**$1.247\,3\times10^{-8}$**
F_{10}	Avg	$6.787\,0\times10^{-1}$	$1.867\,4\times10^{-4}$	$2.345\,7\times10^{0}$	$2.110\,1\times10^{0}$	$1.867\,0\times10^{1}$	**$2.538\,7\times10^{-15}$**
	Std	$8.136\,0\times10^{-1}$	$2.353\,8\times10^{-5}$	$7.582\,0\times10^{-1}$	$1.659\,9\times10^{0}$	$6.301\,3\times10^{1}$	**$5.865\,2\times10^{-15}$**
F_{11}	Avg	$1.315\,9\times10^{0}$	$7.228\,7\times10^{-6}$	$3.820\,0\times10^{-2}$	$2.268\,0\times10^{-1}$	$8.265\,7\times10^{0}$	**$0.000\,0\times10^{0}$**
	Std	$1.537\,0\times10^{-1}$	$1.381\,3\times10^{-6}$	$1.610\,0\times10^{-2}$	$3.383\,0\times10^{-1}$	$3.781\,6\times10^{0}$	**$0.000\,0\times10^{0}$**
F_{12}	Avg	$6.510\,0\times10^{-2}$	$7.516\,0\times10^{-1}$	$6.580\,5\times10^{0}$	$6.136\,1\times10^{0}$	$4.567\,9\times10^{0}$	**$2.560\,0\times10^{-2}$**
	Std	**$1.860\,0\times10^{-2}$**	**$2.548\,0\times10^{-1}$**	$3.463\,4\times10^{0}$	$4.597\,5\times10^{0}$	$2.113\,2\times10^{0}$	**$5.680\,0\times10^{-2}$**
F_{13}	Avg	$3.280\,0\times10^{-1}$	**$2.777\,6\times10^{0}$**	$1.452\,1\times10^{1}$	$1.887\,9\times10^{0}$	$2.784\,8\times10^{2}$	**$1.340\,0\times10^{-2}$**
	Std	$3.920\,0\times10^{-2}$	**$1.360\,0\times10^{-2}$**	$1.315\,8\times10^{1}$	$1.681\,5\times10^{0}$	$8.414\,1\times10^{1}$	$2.140\,0\times10^{-2}$
F_{14}	Avg	$1.160\,0\times10^{-1}$	$1.020\,0\times10^{0}$	$1.180\,0\times10^{-1}$	$1.220\,0\times10^{-1}$	**$1.005\,0\times10^{-1}$**	$1.108\,0\times10^{-1}$
	Std	$6.628\,5\times10^{-2}$	$5.562\,3\times10^{-4}$	$1.112\,5\times10^{-2}$	$7.625\,0\times10^{-3}$	$2.989\,0\times10^{-5}$	**$3.251\,6\times10^{-15}$**
F_{15}	Avg	$3.120\,0\times10^{-3}$	$3.150\,0\times10^{-3}$	$3.300\,0\times10^{-3}$	$3.980\,0\times10^{-3}$	$3.050\,0\times10^{-3}$	**$3.000\,0\times10^{-4}$**
	Std	$4.568\,0\times10^{-2}$	$5.250\,0\times10^{-3}$	$6.620\,0\times10^{-4}$	$3.350\,0\times10^{-3}$	$1.250\,0\times10^{-5}$	**$2.560\,0\times10^{-6}$**
F_{16}	Avg	$-1.030\,0\times10^{0}$	$-1.029\,8\times10^{0}$	$-1.031\,4\times10^{0}$	$-1.031\,3\times10^{0}$	$-1.031\,5\times10^{0}$	**$-1.031\,6\times10^{0}$**
	Std	$5.236\,0\times10^{-6}$	$4.298\,0\times10^{-5}$	$1.235\,0\times10^{-5}$	$2.225\,0\times10^{-6}$	$5.680\,0\times10^{-4}$	**$3.156\,0\times10^{-7}$**

由表 3-3 可以看出，在单峰函数中，提出的改进均衡优化器算法优于其他算法，这是因为引入参数 α_1、α_2、α_3，使得算法的整体性有所提高，能够很好地平衡开发和探索阶段的寻优性能。在多峰函数中，提出的改进均衡优化器算法性能同样优于其他算法，这是因为引入高斯扰动后能够增强粒子逃离局部最优的能力。

3.4.3　收敛性分析

图 3-3 示出了改进的均衡优化器算法和表 3-1 中的比较算法在不同函数下的收敛性评估结果。为了便于观察，将以 10 为底的对数作为纵坐标。从图中可以看出，在勘探阶段和开发阶段，所提出的改进平衡优化器算法的收敛速度比其他算法的更快。结果表明，引入的 3 个参数 α_1、α_2、α_3 可以使算法达到动态平衡状态，并有助于粒子向更好的方向收敛。此外，搜索精度优于其他算法，这个结果与引入高斯扰动的策略密不可分。图 3-4 是这些算法在测试函数上的箱线图。从图中可以看出，IEO 算法在 50 次运算过程中找到的最优值的偏差程度远低于其他五种算法。从图 3-3 可以看出，所提出的改进均衡优化器算法在单峰和多峰函数中都具有更快的收敛速度和更高的优化精度。

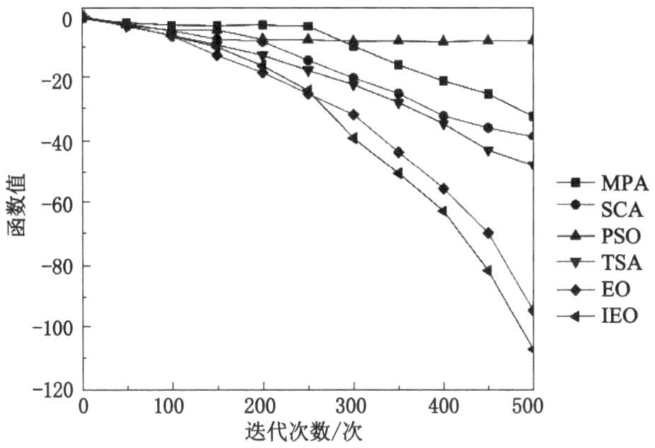

(a) F_1

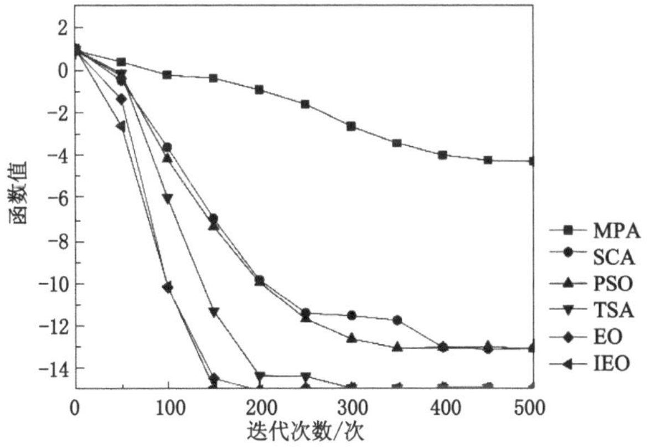

(b) F_3

图 3-3　9 个测试函数的平均收敛性曲线

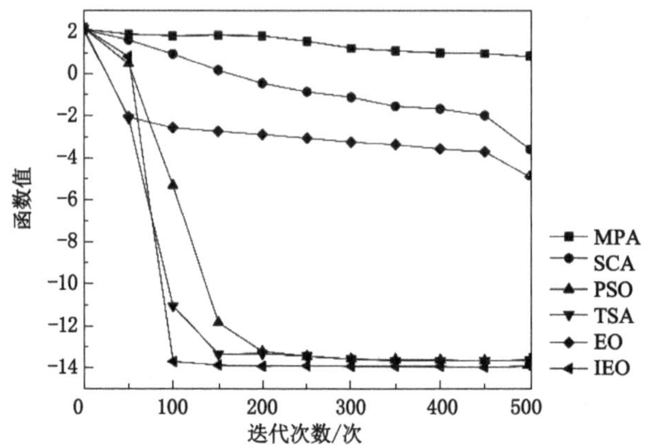

(c) F_5

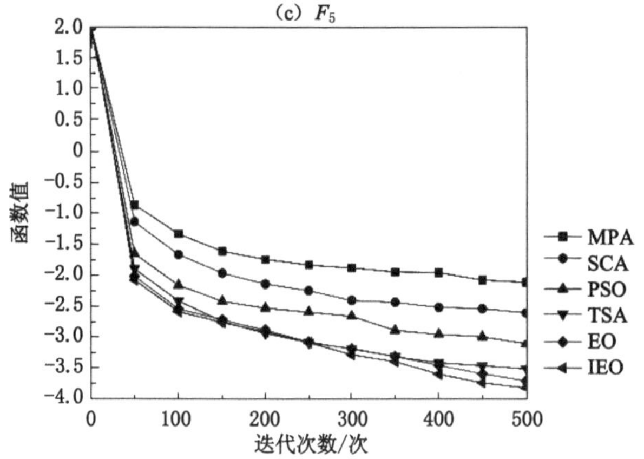

(d) F_7

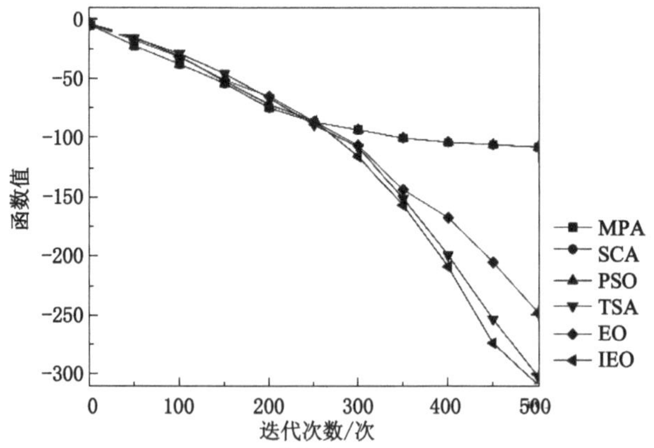

(e) F_8

图 3-3 （续）

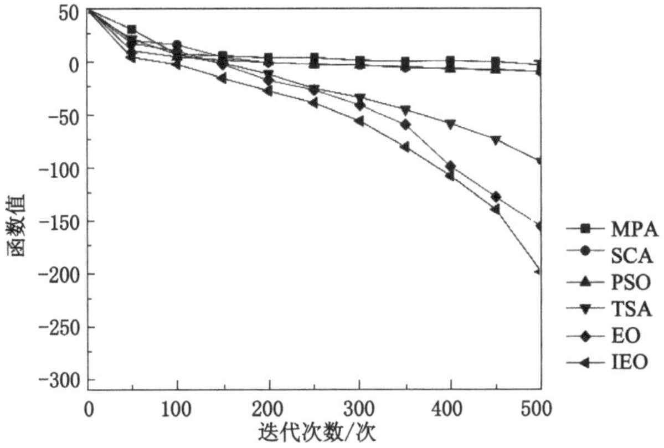

(f) F_9

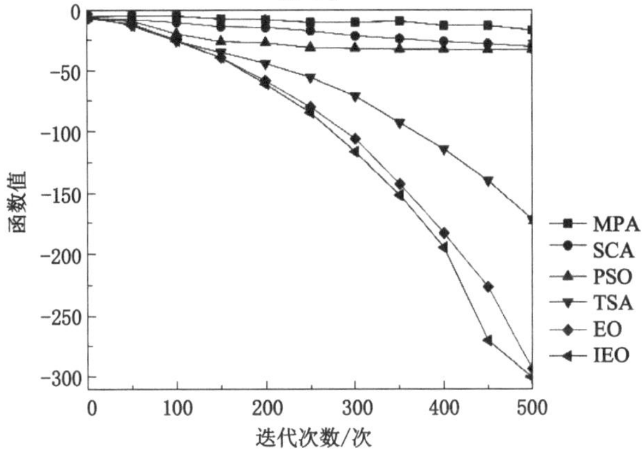

(g) F_{12}

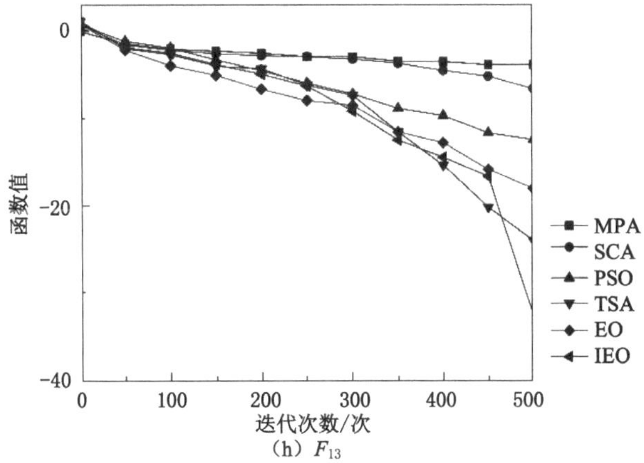

(h) F_{13}

图 3-3 (续)

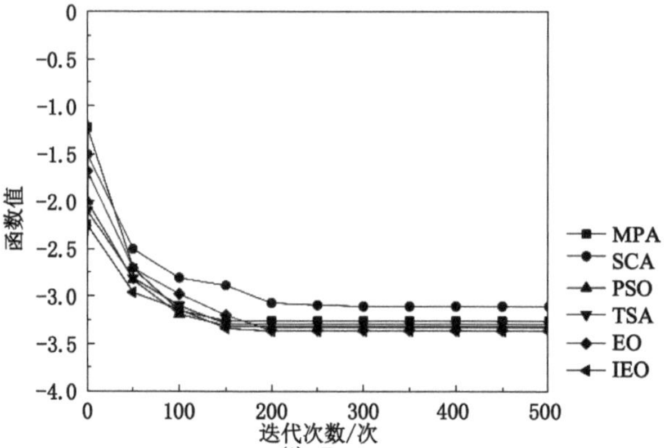

(i) F_{15}

图 3-3 (续)

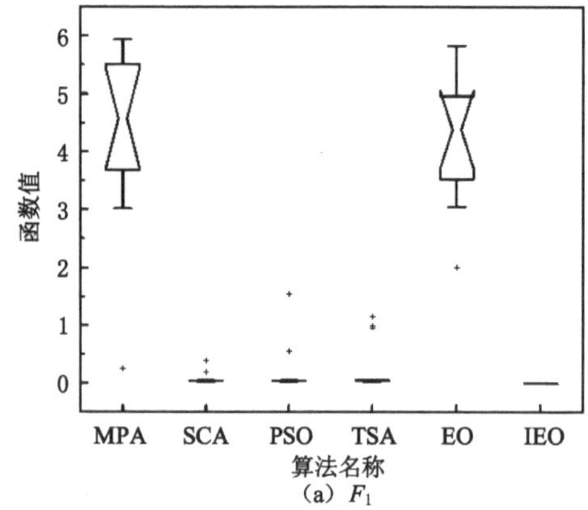

(a) F_1

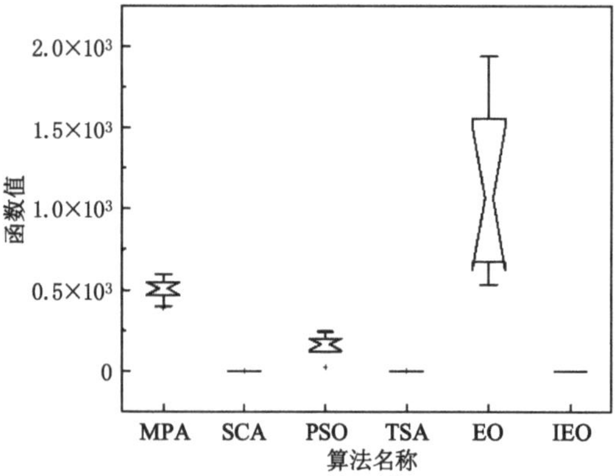

(b) F_3

图 3-4 9 个测试函数箱线图

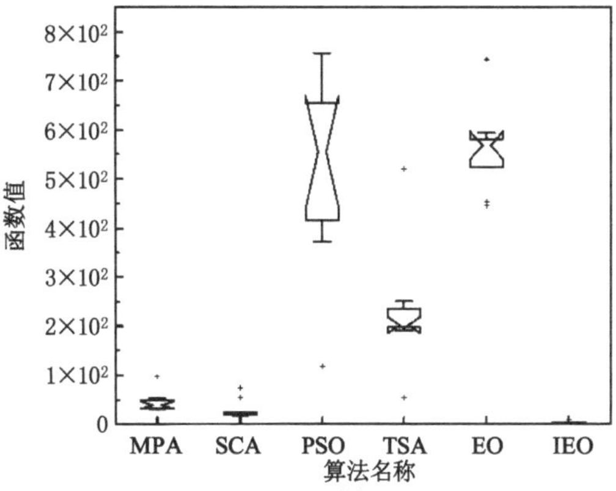

(c) F_5

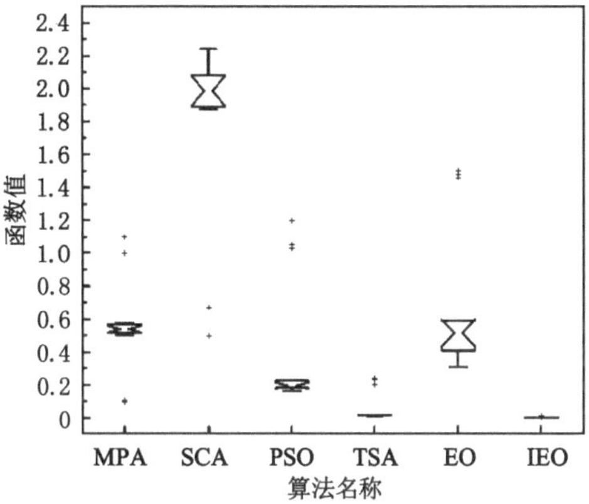

(d) F_7

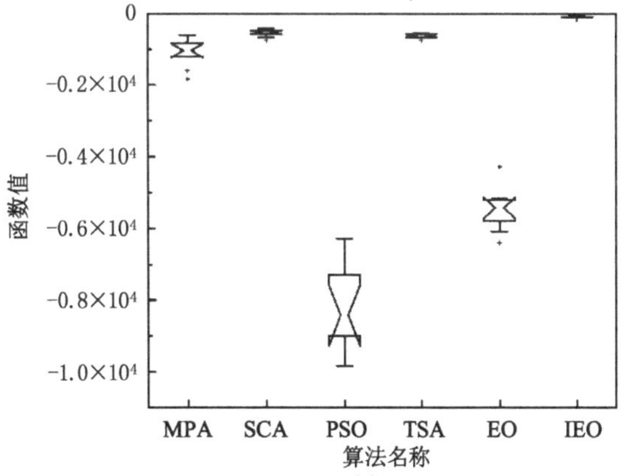

(e) F_8

图 3-4 （续）

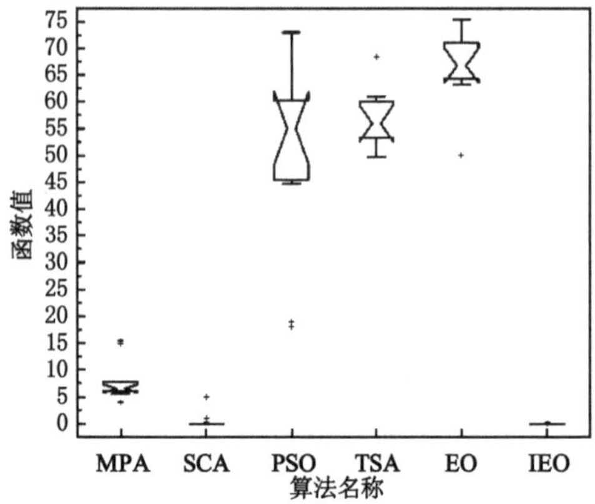

（f）F_9

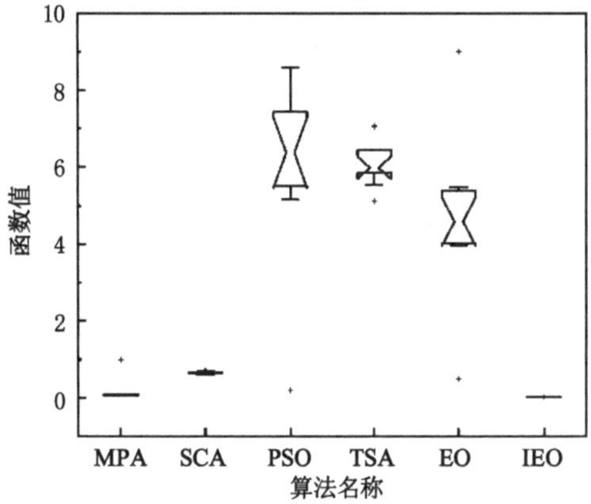

（g）F_{12}

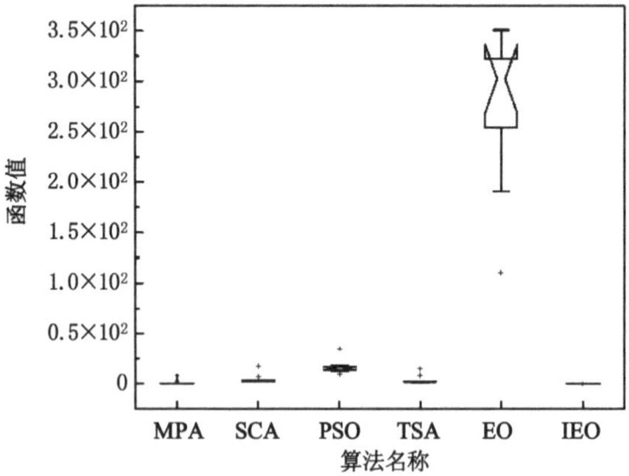

（h）F_{13}

图 3-4 （续）

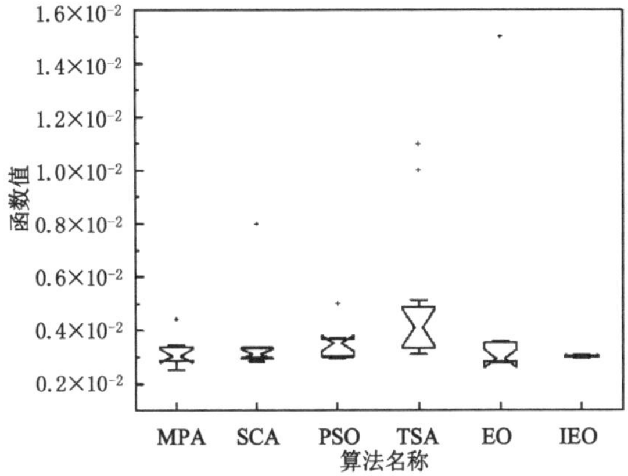

(i) F_{15}

图 3-4 (续)

3.5 工程应用研究

3.5.1 矿井通风系统优化建模

为了实现矿井通风系统调节和优化的智能化和自动化，建立了基于最小调节功耗的矿井通风网络优化数学模型[143]。模型约束如下：

① 矿井通风网络遵循节点风量平衡定律[144]，即流入节点的空气量等于流出的空气量。描述如下：

$$\sum_{j=1}^{N_i}\omega_{ij}Q_i = 0 \quad (N_i = 1,2,\cdots,J) \tag{3-25}$$

$$\omega_{ij}=\begin{cases}1 & (\text{分支 } i \text{ 流入节点 } j)\\ 0 & (\text{节点 } j \text{ 不是分支 } i \text{ 的终节点})\\ -1 & (\text{分支 } i \text{ 流出节点 } j)\end{cases} \tag{3-26}$$

式中，N_i 为矿井中以 i 为节点的分支总数；Q_i 为第 i 条分支的风量，m^3/s；J 为矿井中的节点总数。

② 矿井通风网络遵循回路阻力平衡定律[145]，即 $M=N-j+1$ 个回路中各分支阻力、自然风压、机械风压代数和为 0，N 为分支总数。

$$\sum_{j=1}^{N}c_{ij}R_jQ_j^2 - \sum_{j=1}^{N}c_{ij}(P_j + F_jQ_j) = 0 \tag{3-27}$$

$$c_{ij}=\begin{cases}1 & (i\in l,\text{分支}\ i\ \text{和循环方向同方向})\\ 0 & (i\notin l)\\ -1 & (i\in l,\text{分支}\ i\ \text{与它的循环方向相反})\end{cases} \tag{3-28}$$

式中，P_j 为第 j 条分支的自然风压，Pa；F_jQ_j 为第 j 条分支的机械风压，Pa；R_i 为第 i 条分支的风阻，$N\cdot s^2/m^8$。

③ 为了使风机稳定工作，避免喘振[146]，一般规定风机实际工作风压上限不超过其最大风压的 90%，效率下限不低于 60%。

$$H\leqslant 0.9H_{\max} \tag{3-29}$$

$$\eta\geqslant 60\% \tag{3-30}$$

式中，$H_{\max}$为风机工作时的最大风压，Pa；η 为风机的工作效率。

④ 根据《煤矿安全规程》和煤矿的实际情况可以计算可调支路的调节风量及气压的上限和下限。

$$H_{i\min}\leqslant H_i\leqslant H_{i\max} \tag{3-31}$$

$$Q_{i\min}\leqslant Q_i\leqslant Q_{i\max} \tag{3-32}$$

式中，$Q_{i\min}$、$Q_{i\max}$分别为可调分支的风量调节下限和上限，m^3/s；$H_{i\min}$、$H_{i\max}$为代表可调分支的风压调节下限和上限，Pa。

在满足各个分支风量需求的前提下，将矿井通风系统中风机的总功率最低作为模型的目标函数。

$$\min f=\sum_{i=1}^{n}H_{Fi}Q_i \tag{3-33}$$

式中，H_{Fi}为分支 i 中风机的风压。

该模型是一个非凸非线性约束优化问题。为了更好地应用智能算法来解决该问题，采用罚函数来转换不等式约束，将目标函数和约束转换为带参数的增广目标函数[147]，从而将问题转换为无约束非线性规划问题进行求解。增广目标函数由两个部分组成：原始问题的目标函数和由约束函数构造的惩罚项。惩罚项的功能是制约不满足约束条件的解。部分分支的可调节风量及风压的上限和下限是已知的，因此采用内部惩罚函数法来确保迭代点的可行性。在上述转换之后，目标函数描述为：

$$\begin{aligned}W=&\sum_{i=1}^{M}|H_i||Q_i|+\iota\sum_{i=1}^{L}\left|\sum_{j=1}^{D}\omega_{ij}Q_i\right|+\kappa\sum_{i=1}^{L}\left|\sum_{j=1}^{N}c_{ij}R_jQ_j^2-\sum_{j=1}^{N}[P_j+F_jQ_j]\right|+\\&\rho\sum_{i=1}^{D}|\ln(\min\{0,Q_{i\max}-Q_i\})+\ln(\min\{0,Q_i-Q_{i\min}\})|+\\&\xi\sum_{i=1}^{D}|\ln(\min\{0,H_{i\max}-H_i\})+\ln(\min\{0,H_i-H_{i\min}\})|+\end{aligned}$$

$$\tau\sum_{i=1}^{D}\left|\ln(\min\{0,0.9H_{i\max}-H_i\})+\ln(\min\{0,\eta_i-0.6\})\right| \tag{3-34}$$

式中，ι，κ，ρ，ξ，τ 为惩罚系数。

3.5.2 基于三角函数的改进均衡优化器算法的矿井通风系统优化方法

基于改进均衡优化器算法的矿井通风系统优化算法的具体流程如下：

Step1：输入种群大小 M，最大迭代次数 Tmax，常数 a、b、c、d、e、f，通风网络节点数、分支数，分支风量、风阻，均衡优化器中每个粒子代表余树支中待求风量初始值。

Step2：创建 $C_{eq1}\sim C_{eq4}$ 4 个空列表用于存储 4 个候选解。

Step3：执行混沌映射初始化种群，获得更高质量的初始种群。

Step4：判断当前迭代次数 iter 是否小于最大迭代次数 Maxiter。若小于，重复执行 Step1～Step9，直到满足迭代停止条件。否则，转到 Step10。

Step5：计算种群中每个粒子的适应度。

Step6：根据种群粒子适应度选出 4 个粒子作为候选解并由 4 个候选解计算平均候选解。

Step7：构建均衡池，并从中随机选择一个候选解。

Step8：执行高斯扰动，对均衡池中粒子进行扰动，进一步平衡算法的全局搜索和局部搜索能力。

Step9：进入个体浓度更新阶段，更新粒子位置，若 i 小于种群大小 M，利用三角函数及一阶衰减函数改进后的公式更新 F 和 G。更新粒子位置，直到满足迭代停止条件。否则，更新当前粒子适应度值和 4 个候选解。

Step10：输出调节巷道编号及调节量，并计算最优目标函数值。

图 3-5 为改进算法流程图。

3.5.3 王家岭矿三维通风仿真系统介绍

在 Visual Studio 2019 平台上利用 C# 及 C++ 混合编程，开发三维通风仿真与优化系统软件，应用上文提出的矿井通风系统优化方法，对中煤华晋集团有限公司王家岭矿进行仿真模拟。通过对王家岭矿通风系统进行阻力测定，将测得数据及王家岭矿通风系统图导入软件，对王家岭矿通风系统风量分布进行计算机仿真模拟。为了提高运算速度，在不影响结果的前提下，对矿井通风系统进行适当简化，简化后矿井通风系统图如图 3-6 所示。王家岭矿通风系统网络图如图 3-7 所示，对图中每条巷道及节点进行编号，可知该矿井通风

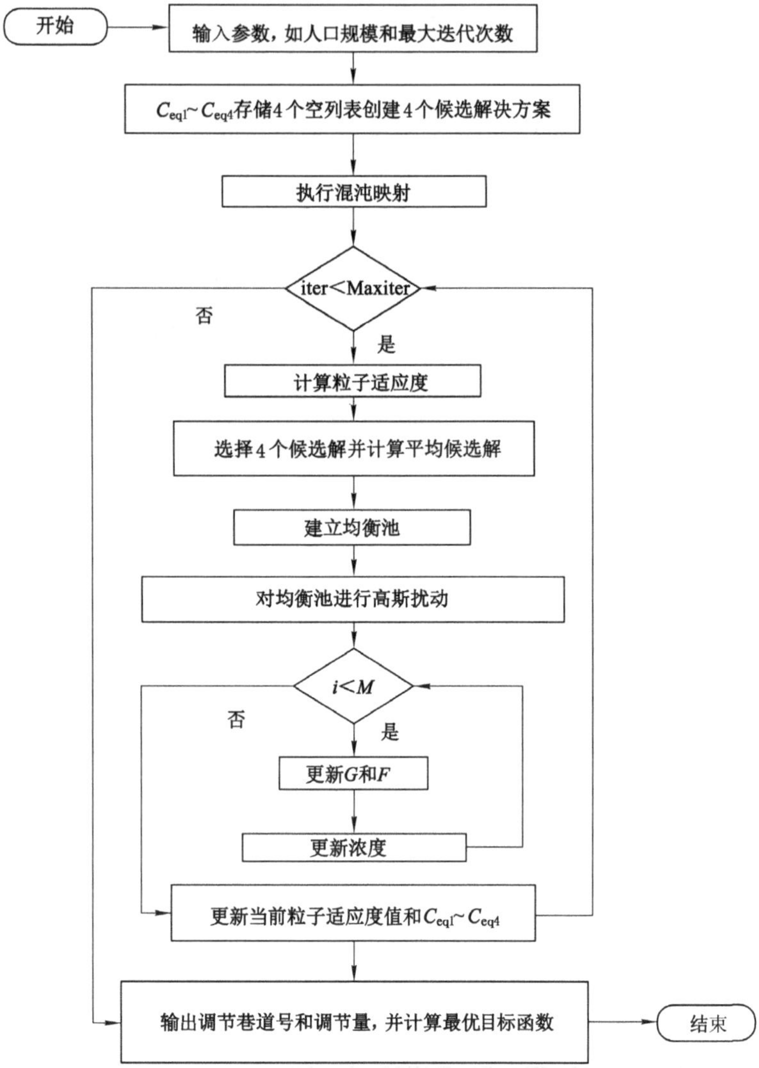

图 3-5　改进算法流程图

系统共有 213 个节点，283 条巷道。表 3-4 是部分巷道的基本参数，完整数据见附录 A。

目前王家岭矿共有 3 个进风井，实际入风量分别为 1 286 m^3/min、2 980 m^3/min、16 089 m^3/min，矿井实际需风量为 16 079 m^3/min。一个回风井，风量为 20 542 m^3/min，通风阻力为 2 970 Pa，风机功率为 1 868 kW，矿井总

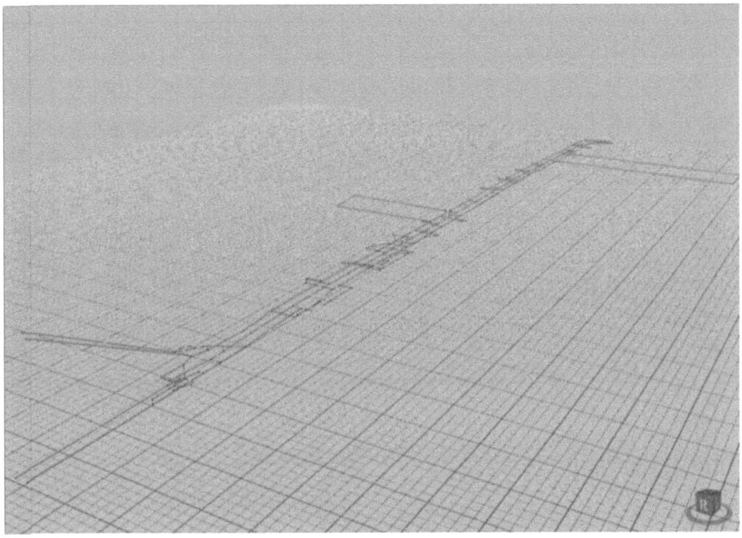

图 3-6 王家岭矿通风系统三维图

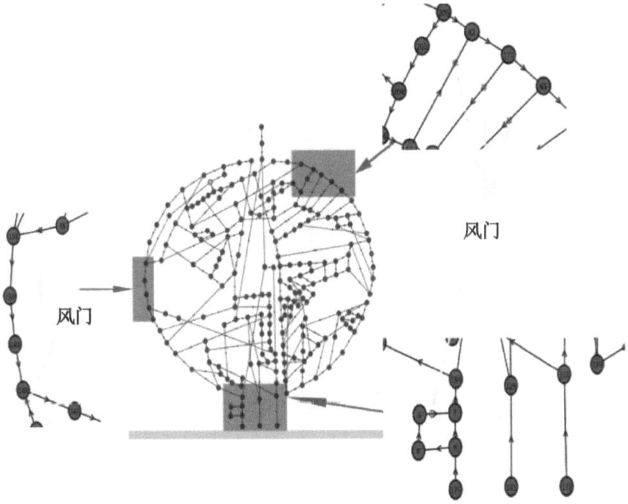

图 3-7 王家岭矿通风系统网络

进风量比为 127%，入井风量远大于实际需求，存在严重的能源浪费情况，因此对王家岭矿采用本书提出的基于改进均衡优化器算法的矿井通风系统优化方法进行优化，从而减少能源浪费。

表 3-4 部分巷道基础参数

编号	Q /(m³/s)	R /(N·s²/m⁸)	可调	编号	Q /(m³/s)	R /(N·s²/m⁸)	可调	编号	Q /(m³/s)	R /(N·s²/m⁸)	可调	编号	Q /(m³/s)	R /(N·s²/m⁸)	可调
1	5.498 3	0.000 089 36	N	19	3.870 2	0.000 049 87	N	37	18.745 4	0.196 000 00	Y	55	10.056 3	0.074 590 00	Y
2	5.498 3	0.000 068 99	N	20	3.356 0	0.000 035 34	N	38	2.336 4	0.000 093 02	N	56	1.910 3	0.069 130 00	N
3	3.701 8	0.000 067 06	Y	21	0.514 1	0.000 002 41	Y	39	2.336 4	0.000 011 79	N	57	2.406 1	0.002 160 00	N
4	3.701 8	0.000 071 89	Y	22	0.514 1	0.000 001 35	N	40	2.336 4	0.000 011 53	Y	58	14.629 8	0.015 540 00	N
5	236.434 8	0.000 030 53	N	23	68.049 3	0.004 020 00	N	41	52.200 2	0.000 033 54	Y	59	14.629 8	0.009 927 00	Y
6	236.434 8	0.000 053 15	N	24	68.049 3	0.000 017 46	N	42	0.484 4	0.000 015 74	N	60	1.441 4	0.000 041 13	Y
7	236.434 8	0.000 097 60	N	25	68.049 3	0.000 091 32	N	43	2.716 0	0.000 051 22	N	61	1.345 3	0.000 066 09	N
8	2.211 0	0.000 0167 40	N	26	3.870 2	0.000 077 88	N	44	2.716 0	0.000 029 44	Y	62	0.962 0	0.000 059 29	Y
9	1.928 9	0.000 077 48	N	27	1.882 5	0.000 068 44	N	45	2.716 0	0.000 008 31	N	63	0.962 0	0.000 064 13	Y
10	1.928 9	0.000 096 82	N	28	2.956 2	0.000 027 84	N	46	33.761 3	0.000 064 97	N	64	6.562 3	0.000 059 67	Y
11	14.788 1	0.077 550 00	N	29	2.956 2	0.000 057 58	N	47	33.761 3	0.000 049 60	N	65	1.081 8	0.000 064 83	Y
12	14.788 1	0.000 073 00	N	30	2.889 3	0.000 069 41	N	48	58.893 8	0.000 080 58	N	66	0.325 3	0.000 017 66	N
13	14.788 1	0.000 035 08	N	31	1.894 3	0.000 064 89	N	49	58.893 8	0.000 052 65	N	67	0.325 3	0.000 004 52	Y
14	14.788 1	0.000 092 85	N	32	1.894 3	0.000 098 93	N	50	28.096 2	0.000 099 93	Y	68	1.320 7	0.000 064 67	Y
15	27.095 2	0.080 739 80	N	33	1.894 3	0.000 033 18	Y	51	1.716 8	0.000 041 33	N	69	0.346 6	0.000 020 22	Y
16	2.922 2	0.000 032 18	N	34	3.091 0	0.000 047 01	Y	52	29.437 9	0.000 095 51	Y	70	1.320 7	0.008 884 00	N
17	24.173 1	0.000 038 54	N	35	3.091 0	0.000 002 08	N	53	1.910 3	0.000 024 41	N	71	67.869 3	0.001 224 00	N
18	24.173 1	0.088 330 00	N	36	18.745 4	0.062 890 00	N	54	10.056 3	0.000 046 14	N	72	61.306 9	0.001 661 00	N

3.5.4 优化结果分析

为了验证所提方法的有效性，与 MPA、SCA、PSO、TSA、EO 进行对比，采用目标函数式(3-34)作为粒子适应度函数，6 种算法单独运行 50 次，优化结果平均值见表 3-5，其中带负号的表示将该条巷道压力值减小。

表 3-5　50 次优化结果平均值对比

算法名称	初始值	MPA	SCA	PSO	TSA	EO	IEO
风机功率/kW	1 868	1 732	1 719	1 725	1 711	1 668	1 535
功率减少量/kW	—	136.00	149.00	143.00	157.00	200.00	333.00
减少率/%	—	7.28	7.98	7.66	8.40	10.71	17.83
总进风量/(m^3/min)	20 542	19 008	18 805	18 901	18 807	18 235	16 573
进风量减少量/(m^3/min)	—	1 534	1 737	1 641	1 735	2 307	3 969
总进风量减少百分比/%	—	7.47	8.46	7.99	8.45	11.23	19.32
总进气比/%	127	118	117	118	117	113	103
收敛代数/代	—	351.25	336.78	321.58	366.12	310.55	278.34
收敛时间/min	—	77.55	80.25	50.25	90.25		53.12

从表 3-5 可以看出，在使用 6 种算法优化王家岭矿通风系统后，IEO 算法将矿井风机功率降低 333 kW，降低百分比为 17.83%，这是 6 种算法中效果最显著的。进风量减少 3 969 m^3/min，减少率为 19.32%。与其他 5 种算法相比，IEO 算法可以有效减少进风量，总进气比降低到 103%，大大减少了空气的浪费。收敛代数为 278.34 代，是 6 种算法中收敛速度最快的。收敛时间略慢于 PSO 算法，但是优化结果远优于 PSO 算法，因此证明了该算法的有效性和及时性。采用该方法可以有效降低矿井通风系统的能耗，达到节能减排的目的。

按照工业水平期用电成本 0.725 元/(kW・h)的标准计算，经 6 种算法优化后，风井风机每年节省的电费见表 3-6。计算方法：降低功率×24 h×0.725 元/(kW・h)×365 d。从表中可以看出，本书提出的 IEO 方法每年可以为矿山节约大约 211 万元，这是 6 种算法中成本效益最高的。

表 3-6　不同算法每年节约电费分析

算法	每年节约费用/元
MAP	863 736
SCA	946 299

表 3-6(续)

算法	每年节约费用/元
PSO	908 193
TSA	997 107
EO	1 270 200
IEO	2 114 883

某次运行的结果见表 3-7。负号表示巷道压力值降低。在工程应用中可以通过编号找到相应的巷道，并通过调整巷道上通风构筑物的开合角度来调节该巷道的阻力，从而达到优化矿井通风系统的目的。

表 3-7　通风系统优化结果

分支编号	MPA		SCA		PSO		TSA		EO		IEO	
	Q /(m^3/s)	h/Pa	Q /(m^3/s)	h/Pa	Q /(m^3/s)	h/Pa	Q /(m^3/s)	h/Pa	Q /(m^3/s)	h/Pa	Q /(m^3/s)	h/Pa
33	1.194 3	—	1.102 5	—	1.002 5	—	1.562 3	—	0.194 3	−0.12	0.243 5	0.67
37	17.745 4	—	15.632 5	−1.10	17.663 8	—	18.106 4	—	17.612 1	—	16.935 4	—
50	26.096 2	−2.05	27.066 3	—	24.025 8	−2.11	27.652 8	—	27.096 2	—	20.131 2	3.05
59	13.559 8	—	14.821 5	—	13.629 8	—	19.852 8	+0.02	13.558 1	—	12.835 7	—
191	2.900 2	—	2.823 5	—	1.935 2	—	2.002 5	—	1.026 2	−1.25	2.065 2	—
199	3.514 6	—	3.652 1	—	3.665 8	—	3.968 7	—	3.861 2	—	4.005 2	−0.28
210	13.121 5	−0.44	16.52 8	—	17.258	−0.55	15.211 5	—	17.551 2	—	16.211	—
226	1.851 3	—	1.852 2	—	1.852 4	—	1.900 0	—	1.873 3	—	1.552 1	—
246	2.406 1	—	2.362 5	—	2.025 7	—	2.330 1	—	0.105 1	−2.98	0.010 1	3.06
276	2.625 2	—	2.089 7	—	2.012 6	—	1.826 2	−1.25	2.598 7	—	2.258 6	—

3.6　本章小结

本章为了解决复杂系统单目标优化问题，以原理简单、收敛速度快、精度高、参数少的均衡优化器算法为研究对象。为了解决均衡优化器算法在求解过程中的缺陷，例如容易陷入局部最优、粒子多样性难以保证等，对该算法进行改进。首先，引入混沌映射对粒子初始化条件进行改进，从而提高粒子多样性；其次，引入三角函数的调整策略对指数 F 进行改进，从而提高算法的全局开发能力;再次,引入高斯扰动,增强粒子多样性,避免陷入局部最优,提高后期的局部搜索能力;最后,采用一阶衰减指数对生成速率 G 进行改进,提高算法的整体性。为了验证算法的有效性,采用 16 个基准函数对包括原始 EO 算法在内的 6 种智能算法进行测试,结果表明,提出的 IEO 算法收敛速度、收敛精度远优于其他算法。并采用该算法对中煤华晋集团有限公司王家岭矿通风系统进行优化,建立了以通风总功耗最低为目标的矿井通风系统优化模型,并结合矿井通风网络基本定律,以及满足矿井安全的基本条件,建立模型约束条件。为了解决非凸函数的求解问题,采用罚函数法将其转化为无约束优化问题。工程应用表明,该方法可以有效降低风机功率 333 kW,每年节约成本约 210 万元,节能减排效果显著,从而验证了书中所提方法的有效性。

4 基于 R_2 指标的混合多目标均衡优化算法的复杂系统多目标优化方法研究

4.1 引言

随着世界各国学者对复杂系统科学研究的不断深入，发现单目标优化算法不能完全满足实际需求。更加复杂系统由于具有特殊性，因此绝大多数问题需要建立多目标优化模型，才能更加贴切地描述复杂系统中各个组件之间的关系。因此，为了求解复杂系统多目标优化模型，提出了一种 R_2 指标混合多目标均衡优化算法(R_2HMEOA)。首先，使用 R_2 索引来改进 Pareto 解的排序规则。其次，改进了参考点策略，提出了基于 R_2 索引的精英归档策略，使用经典的测试函数来测试所提出的算法。结果表明，该算法具有明显的优势。为了验证其工程应用效果，采用该方法对中煤华晋集团有限公司王家岭矿进行试验，并建立了基于通风能耗、风机轴功率和风机效率的矿井通风系统多目标优化模型。结果表明，该算法能有效降低通风功耗，提高风机轴功率和效率，证明该算法的实用性。

4.2 基于 R_2 指标的混合多目标均衡优化算法

4.2.1 基于 R_2 指标的排序算法

通常 R_2 指标用来评估两组个体的相对质量[148-149]。相比 Hypervolume[150]（超体积）、基于拥挤距离[151]、TOTSIS[152]等方法，R_2 指标不但能够避免 Pareto 占优引起的选解压力问题，以及拥挤度只能代表个体间距离而不能反映个体密度等问题，而且能有效减少计算量，因此本书结合 R_2 指标提出一种新的排序算法。

当得到 Pareto 前沿近似解集的近似值集合 A，R_2 指标通过该值和一个参考点 z^* 来评价 A 的质量。为了便于计算，本书选用切比雪夫标量化函数

(Tchebycheff Scalarizing Function)[153]作为效用函数。

$$R_2(A,W,z^*)=\frac{1}{|W|}\sum_{\omega\in W}\min_{x\in A}\{\max_{i=1,2,\cdots,M}\{w_i(f_i(x)-z_i^*)\}\} \tag{4-1}$$

式中，A 为 Pareto 前沿解近似值；$\boldsymbol{W}$ 为权重向量，为了构建效应函数集，创建一组权重向量 $\boldsymbol{w}=(\boldsymbol{w}_1,\boldsymbol{w}_2,\cdots,\boldsymbol{w}_M)\in\boldsymbol{W}$，在目标空间中各个目标的权重和为 1；$\frac{1}{|\boldsymbol{W}|}$为 $\boldsymbol{W}$ 上的概率分布，即每个权重向量被选择的概率；M 为目标数。

用 R_2 指标的贡献值来评价解的质量，定义解 $x(x\in A)$的 R_2 贡献值为：

$$C_{R_2}(x,A,W,z^*)=R_2(A,W,z^*)-R_2(A\backslash\{x\},W,z^*) \tag{4-2}$$

当用 R_2 指标排序个体时，对于随机个体 x_i 和 x_j，首先判断支配关系，如果存在支配关系，则选择 R_2 指标贡献度大的个体，如果不存在支配关系，选择种群数量小的个体。

4.2.2　改进参考点策略

由于参考向量在目标规范化过程中起重要作用，因此本书引入 2 个参考向量[154]，分别为理想点向量 $\boldsymbol{z}^{\text{ide}}$，最低点向量 $\boldsymbol{z}^{\text{nad}}$，代表 Pareto 前沿解的目标函数值定义的上下界，两目标优化函数的参考向量示意图如图 4-1 所示。

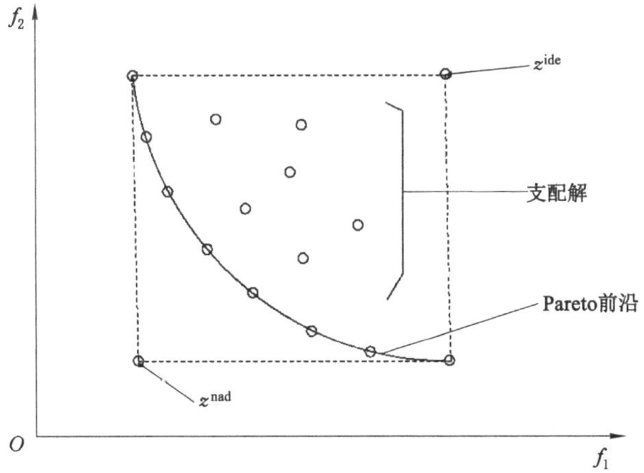

图 4-1　参考点向量示意图

在每次迭代过程中，通过理想点向量和最低点向量的统计近似值[$\boldsymbol{z}^{\min}$，$\boldsymbol{z}^{\max}$]来判断当前总体最低点距离真正的 Pareto 前沿解的远近，方差越高，距离越远。

首先构建一个用于存储迭代过程中的最低点的向量的寄存器 Record，考虑到计算速度问题，建议存储 10 代最低点向量，并计算其方差向量 $\boldsymbol{v}$，其中每个 $v_i \in \boldsymbol{V}$ 代表存储的最低点向量的第 i 维方差，同时设置一个方差阈值大小为 0.02。当所有解的最大方差都大于设定的阈值，则使用最低点的最大目标值更新 $z^{\max}$，当不小于该阈值，则对 $z^{\max}$ 中每个成分进行检验：如果 $\boldsymbol{z}^{\max}-\boldsymbol{z}^{\min}<0.001$，则用 $\boldsymbol{z}^{\max}$ 的最大目标值更新 $\boldsymbol{z}_i^{\max}$，如果 $\boldsymbol{z}_i^{nad}<\boldsymbol{z}_i^{\max}$，则用 $\boldsymbol{z}_i^{\max}$ 更新 $\boldsymbol{z}^{\max}$，如果方差为零，则用 $\boldsymbol{z}_i^{\max}$ 平均值的最大目标值更新 $z^{\max}$。

4.2.3 存档精英策略

多目标优化算法中，寻优的是一组 Pareto 解，随着迭代次数的增加，Pareto 解会越来越多，从而使计算速度降低。在原始算法中，会用均衡池 $p_{\mathrm{eq,pool}}$ 存放解。本书对其进行改进，将寻找到的 Pareto 解存储在均衡池 $\boldsymbol{p}_{\mathrm{eq,archive}}$ 中，命名为档案均衡池。将所有解都存储在 $\boldsymbol{p}_{\mathrm{eq,archive}}$ 中，会使维护成本增加，因此需要限制 $\boldsymbol{p}_{\mathrm{eq,archive}}$ 的容量，本书取值 100。目前大多数算法基于拥挤距离删除个体，可能存在当某个个体被删除后其周围个体的拥挤距离变大和分布变稀疏的情况，容易丢失优良解，Pareto 最优解的均匀性受到很大影响，因此本书基于 R_2 指标贡献值对存档策略进行改进，通过设置最大容量和删除操作进行优化。

当 $\boldsymbol{p}_{\mathrm{eq,archive}}$ 容量达到最大值后，进行删除操作。当删除点位于最后一层级时，首先循环删除 R_2 指标贡献值最小的个体，然后重新计算剩余个体的 R_2 指标贡献值，直到容量满足最大限制。当删除点不位于最后一层级时，直接删除该层级后面的全部层级，并循环删除 R_2 指标贡献值最小的个体，重新计算该层级剩余个体 R_2 指标贡献值，直到容量满足最大限制。

4.2.4 复杂度分析

算法的时间复杂度主要由三个部分组成：

① 算法初始化总体需要的时间为 $O(n_0 \cdot n_{\mathrm{p}})$，其中 n_{p} 为种群数量，n_0 为目标数量。

② 更新浓度需要的时间为 $O(T_{\max} \cdot n_0 \cdot n_{\mathrm{p}})$，式中 $T_{\max}$ 为最大迭代次数。

③ 更新外部非支配解的存档时间 $O(n_0 \cdot (n_{\mathrm{s}}+n_{\mathrm{p}}))$，其中 n_{s} 为外部存档中非支配解的数量。

因此 R_2HMEOA 算法的总体时间复杂度为 $O(T_{\max} \cdot n_0 \cdot (n_{\mathrm{s}}+n_{\mathrm{p}}))$。

图 4-2 描述了提出的 R_2HMEOA 算法的流程图。

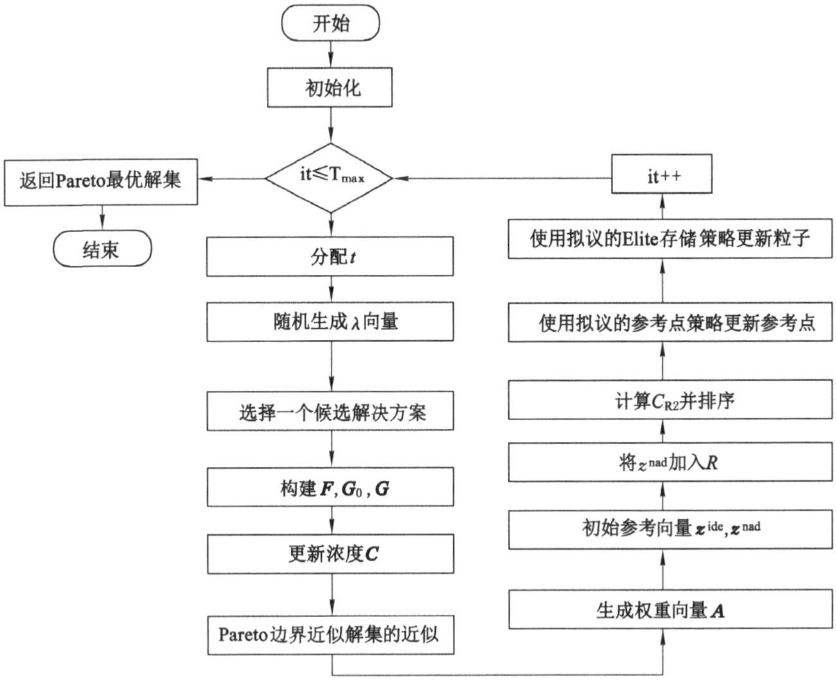

图 4-2　算法流程图

4.3　仿真实验分析

4.3.1　实验参数设置

实验环境为 Windows10,64 位操作系统,CPU 为内核间 i9-11950h,主频为 5.0 GHz,内存为 16 GB。算法程序基于 MATLAB2020b 编写。为了验证 R_2HMEOA 的性能,选择 DTLZ[155] 系列的 DTLZ1、DTLZ3、DTLZ6,UF[156] 系列的 UF1、UF2、UF3,MMF 系列的 MMF1、MMF7、MMF11,GLT[157] 系列的 GLT1、GLT3、GLT5 来测试算法。表 4-1 是测试功能的描述。将 R_2HMEOA 算法与 NSGA-Ⅱ[158]、NSGA-Ⅲ[159]、MOSHO[160]、MOEA[161]、MEOA[162] 比较。表 4-2 为算法参数设置。评估方法有 HV(Excessive Quantity 超数量)和 IGD(Improved Generational Distance,改进世代距离),其中 HV 值越大,获得的 Pareto 前沿解越接近真实 Pareto 边界解。IGD 指数用于检查算法的综合性能,值越小,整体性能越好。

表 4-1 测试函数描述

F	测试函数	目标数	可行解
F_1	DTLZ 1	3	7
F_2	DTLZ 3	3	12
F_3	DTLZ 6	3	22
F_4	UF1	2	30
F_5	UF2	2	30
F_6	UF3	2	30
F_7	UF9	3	30
F_8	MMF1	2	2
F_9	MMF7	2	2
F_{10}	MMF11	3	3
F_{11}	GLT1	2	10
F_{12}	GLT3	2	10
F_{13}	GLT5	3	10

表 4-2 算法参数设置

算法	参数	值
NSGA-Ⅱ[34]	Selection	Binary tournament
	Recombination	Pc=0.9
	Mutation	Polynomial pm=1.0/L
NSGA-Ⅲ[35]	Selection	Binary tournament
	Recombination	Pc=0.9
	Mutation	Polynomial pm=1.0/L
MOSHO[36]	Number of grids	10
	Grid inflation parameter	0.1
	rd_1 and rd_2	[0,1]
	Group selection parameter	4
	Parameter h	[5,0]
	Parameter M	[0.5,1]
MOEA[37]	Archive size	100
	Recombination	pc=0.2
	Npar(Number of the exchange particle)	5

表 4-2(续)

算法	参数	值
MOEA[37]	a1	2
	a2	1
	thr	0.5
	Mutation	polynomial pm=0.4
	ItThreshold	3
MEOA[38]	Archive size	100
	NPar	5
	a1	2
	a2	1
	thr	0.5
	Mutation	Polynomial pm=4
	ItThreshold	3
R_2HMEOA	Archive size	100
	a1	2
	a2	1
	thr	0.5
	Recombination	pc=1
	Mutation	pm=0.1
	Penalty factors $\lambda_1\lambda_2$	0.5,1.4

4.3.2 实验结果分析

为了确保算法的公平性,将所有算法的迭代次数设置为 1 000,将总体数设置为 50,每个算法独立运行 30 次以评估测试函数。

表 4-3 为算法测试结果,包括 IGD 和 HV 的 Std(标准偏差)和 Avg(平均值),用粗体标出了最佳值。从表 4-3 可以看出,当使用 IGD 评估时,R_2HMEOA 在 13 个测试函数中的 8 个(F_1、F_3、F_5、F_6、F_7、F_8、F_9、F_{13})中获得最佳解,R_2HMEOA 排名第 1,MEOA 排名第 2。Std 结果表明,该算法具有良好的稳定性。当使用 HV 评估方法时,R_2HMEOA 在 13 个测试函数中的 7 个(F_1、F_4、F_5、F_9、F_10、F_{11}、F_{12})中获得最佳解,R_2HMEOA 排名第 1,MOEA 排名第 2。Std 结果表明,该算法具有良好的稳定性。该算法在其他测试函数中

也获得了良好的效果。因此，该算法的综合性能优于其他算法，并且获得的 Pareto 前沿解最接近真实 Pareto 解。

表 4-3　算法测试结果

F	算法	IGD		HV	
		Std	Avg	Std	Avg
F_1	NSGA-Ⅱ	$3.528\,0\times10^{-5}$	$3.654\,0\times10^{-5}$	$3.289\,0\times10^{-5}$	$2.515\,0\times10^{-5}$
	NSGA-Ⅲ	$2.256\,0\times10^{-5}$	$8.955\,0\times10^{-5}$	$3.654\,0\times10^{-5}$	$2.900\,0\times10^{-5}$
	MOSHO	$7.625\,0\times10^{-5}$	$1.212\,0\times10^{-5}$	$7.855\,0\times10^{-5}$	$4.423\,0\times10^{-4}$
	MOEA	$4.365\,0\times10^{-5}$	$5.368\,0\times10^{-5}$	$3.576\,0\times10^{-5}$	$2.250\,0\times10^{-6}$
	MEOA	$5.332\,0\times10^{-6}$	$6.121\,0\times10^{-6}$	$4.571\,0\times10^{-6}$	$3.986\,0\times10^{-6}$
	R_2HMEOA	$\mathbf{4.522\,0\times10^{-7}}$	$\mathbf{8.025\,0\times10^{-7}}$	$\mathbf{2.568\,0\times10^{-4}}$	$\mathbf{7.543\,0\times10^{-7}}$
F_2	NSGA-Ⅱ	$4.567\,0\times10^{-5}$	$5.612\,0\times10^{-5}$	$1.256\,0\times10^{-6}$	$1.245\,0\times10^{-6}$
	NSGA-Ⅲ	$1.215\,0\times10^{-5}$	$3.568\,0\times10^{-5}$	$7.563\,0\times10^{-5}$	$3.564\,0\times10^{-7}$
	MOSHO	$4.563\,0\times10^{-5}$	$4.537\,0\times10^{-5}$	$2.543\,0\times10^{-5}$	$3.568\,0\times10^{-5}$
	MOEA	$1.145\,0\times10^{-5}$	$3.562\,0\times10^{-5}$	$7.879\,0\times10^{-5}$	$\mathbf{9.784\,6\times10^{-8}}$
	MEOA	$\mathbf{2.531\,0\times10^{-6}}$	$7.359\,0\times10^{-5}$	$1.986\,0\times10^{-5}$	$2.451\,0\times10^{-5}$
	R_2HMEOA	$7.925\,0\times10^{-5}$	$\mathbf{3.791\,0\times10^{-6}}$	$\mathbf{1.061\,0\times10^{-3}}$	$\mathbf{2.846\,8\times10^{-4}}$
F_3	NSGA-Ⅱ	$5.681\,0\times10^{-5}$	$2.256\,0\times10^{-5}$	$3.568\,0\times10^{-5}$	$\mathbf{2.235\,0\times10^{-4}}$
	NSGA-Ⅲ	$3.487\,0\times10^{-5}$	$5.624\,0\times10^{-5}$	$3.568\,0\times10^{-5}$	$4.456\,0\times10^{-3}$
	MOSHO	$2.279\,0\times10^{-5}$	$2.253\,0\times10^{-4}$	$5.256\,0\times10^{-3}$	$5.537\,0\times10^{-3}$
	MOEA	$2.246\,0\times10^{-4}$	$8.976\,0\times10^{-4}$	$2.356\,0\times10^{-3}$	$7.846\,0\times10^{-4}$
	MEOA	$3.256\,0\times10^{-4}$	$4.561\,0\times10^{-5}$	$3.265\,0\times10^{-3}$	$7.558\,0\times10^{-3}$
	R_2HMEOA	$\mathbf{4.535\,0\times10^{-6}}$	$\mathbf{7.876\,0\times10^{-6}}$	$\mathbf{9.243\,0\times10^{-3}}$	$3.654\,0\times10^{-4}$
F_4	NSGA-Ⅱ	$4.535\,0\times10^{-5}$	$4.545\,0\times10^{-5}$	$5.678\,0\times10^{-5}$	$1.235\,0\times10^{-5}$
	NSGA-Ⅲ	$4.653\,0\times10^{-5}$	$2.276\,0\times10^{-5}$	$3.567\,0\times10^{-5}$	$4.513\,0\times10^{-4}$
	MOSHO	$2.346\,0\times10^{-5}$	$2.537\,0\times10^{-5}$	$9.978\,0\times10^{-5}$	$7.856\,0\times10^{-5}$
	MOEA	$2.345\,0\times10^{-5}$	$\mathbf{1.256\,0\times10^{-6}}$	$1.121\,0\times10^{-5}$	$2.234\,0\times10^{-5}$
	MEOA	$3.335\,0\times10^{-5}$	$6.771\,0\times10^{-5}$	$4.226\,0\times10^{-5}$	$3.121\,0\times10^{-5}$
	R_2HMEOA	$\mathbf{2.322\,0\times10^{-5}}$	$6.897\,0\times10^{-6}$	$\mathbf{7.546\,0\times10^{-4}}$	$\mathbf{4.512\,0\times10^{-6}}$
F_5	NSGA-Ⅱ	$6.897\,0\times10^{-5}$	$4.526\,0\times10^{-4}$	$2.315\,0\times10^{-4}$	$8.895\,0\times10^{-4}$
	NSGA-Ⅲ	$4.356\,7\times10^{-5}$	$7.586\,0\times10^{-5}$	$1.156\,0\times10^{-5}$	$2.536\,0\times10^{-5}$
	MOSHO	$1.235\,0\times10^{-5}$	$5.568\,0\times10^{-5}$	$2.235\,0\times10^{-4}$	$2.255\,0\times10^{-4}$

表 4-3(续)

F	算法	IGD		HV	
		Std	Avg	Std	Avg
F_5	MOEA	8.6450×10^{-4}	2.5460×10^{-4}	4.4860×10^{-4}	4.5640×10^{-4}
	MEOA	5.6470×10^{-4}	6.2310×10^{-5}	7.5560×10^{-4}	6.8860×10^{-4}
	R_2HMEOA	**3.5590×10^{-6}**	**2.2150×10^{-5}**	**1.1510×10^{-3}**	**2.5380×10^{-5}**
F_6	NSGA-Ⅱ	2.2540×10^{-5}	7.8460×10^{-5}	**5.6880×10^{-5}**	2.3560×10^{-5}
	NSGA-Ⅲ	5.5460×10^{-5}	2.2230×10^{-5}	3.2520×10^{-5}	**9.0000×10^{-8}**
	MOSHO	2.7390×10^{-5}	3.0720×10^{-5}	5.5780×10^{-5}	2.3130×10^{-6}
	MOEA	5.6130×10^{-5}	7.8450×10^{-5}	4.6520×10^{-5}	1.2110×10^{-5}
	MEOA	**4.4120×10^{-5}**	**6.2890×10^{-5}**	2.1150×10^{-5}	4.5560×10^{-6}
	R_2HMEOA	1.5630×10^{-5}	2.5430×10^{-5}	3.7780×10^{-5}	5.6770×10^{-5}
F_7	NSGA-Ⅱ	3.1240×10^{-5}	4.3590×10^{-5}	1.5360×10^{-5}	3.5750×10^{-5}
	NSGA-Ⅲ	6.7850×10^{-5}	6.2580×10^{-5}	5.2560×10^{-5}	6.1250×10^{-6}
	MOSHO	4.5310×10^{-5}	4.0050×10^{-5}	6.1430×10^{-5}	4.1110×10^{-6}
	MOEA	8.2210×10^{-5}	5.2310×10^{-5}	8.6690×10^{-5}	3.1520×10^{-5}
	MEOA	4.9980×10^{-5}	4.5580×10^{-5}	**3.1450×10^{-4}**	6.5560×10^{-6}
	R_2HMEOA	**2.5980×10^{-5}**	**1.9860×10^{-5}**	6.8560×10^{-5}	**5.6770×10^{-8}**
F_8	NSGA-Ⅱ	4.0010×10^{-4}	7.8450×10^{-4}	5.5430×10^{-4}	4.5220×10^{-4}
	NSGA-Ⅲ	8.8650×10^{-4}	8.9550×10^{-4}	4.5120×10^{-4}	**3.1000×10^{-6}**
	MOSHO	2.5430×10^{-4}	2.8080×10^{-4}	2.3640×10^{-4}	4.5680×10^{-6}
	MOEA	6.6540×10^{-4}	8.0760×10^{-4}	1.1120×10^{-4}	5.5420×10^{-5}
	MEOA	3.5520×10^{-4}	6.4160×10^{-4}	7.652×10^{-4}	8.5680×10^{-5}
	R_2HMEOA	**1.5330×10^{-4}**	**1.2350×10^{-4}**	**8.6050×10^{-4}**	4.4530×10^{-4}
F_9	NSGA-Ⅱ	7.8450×10^{-4}	2.5340×10^{-3}	4.5210×10^{-5}	4.5120×10^{-5}
	NSGA-Ⅲ	5.3120×10^{-4}	2.1530×10^{-3}	5.2240×10^{-3}	1.1240×10^{-3}
	MOSHO	9.3040×10^{-4}	7.6890×10^{-3}	3.3840×10^{-4}	8.8640×10^{-3}
	MOEA	1.7625×10^{-3}	2.2430×10^{-3}	2.5400×10^{-4}	1.2030×10^{-3}
	MEOA	6.2330×10^{-4}	3.1210×10^{-3}	5.6080×10^{-5}	6.5590×10^{-5}
	R_2HMEOA	**2.4350×10^{-4}**	**2.1070×10^{-4}**	**2.8865×10^{-2}**	**7.8690×10^{-6}**
F_{10}	NSGA-Ⅱ	5.5430×10^{-3}	2.5670×10^{-2}	**8.9760×10^{-2}**	7.7530×10^{-5}
	NSGA-Ⅲ	5.3460×10^{-3}	4.1230×10^{-5}	3.5640×10^{-4}	5.6480×10^{-7}
	MOSHO	**1.5070×10^{-3}**	8.1250×10^{-4}	2.2450×10^{-4}	4.5120×10^{-6}

表 4-3(续)

F	算法	IGD		HV	
		Std	Avg	Std	Avg
F_{10}	MOEA	$7.968\,0\times10^{-2}$	$3.625\,0\times10^{-2}$	$4.628\,0\times10^{-2}$	$7.845\,0\times10^{-3}$
	MEOA	$4.885\,0\times10^{-2}$	$7.222\,0\times10^{-2}$	$6.135\,0\times10^{-2}$	$9.560\,0\times10^{-3}$
	R_2HMEOA	$5.534\,0\times10^{-3}$	$\mathbf{2.215\,0\times10^{-5}}$	7.5643×10^{-2}	$\mathbf{1.123\,0\times10^{-7}}$
F_{11}	NSGA-Ⅱ	$5.643\,0\times10^{-4}$	$1.212\,0\times10^{-3}$	$8.046\,0\times10^{-3}$	$5.643\,0\times10^{-5}$
	NSGA-Ⅲ	$\mathbf{5.642\,0\times10^{-4}}$	$3.552\,0\times10^{-3}$	$8.811\,0\times10^{-2}$	$1.235\,0\times10^{-3}$
	MOSHO	$5.554\,0\times10^{-2}$	$2.345\,0\times10^{-2}$	$4.067\,0\times10^{-2}$	$8.803\,0\times10^{-5}$
	MOEA	$4.512\,0\times10^{-3}$	$3.866\,0\times10^{-3}$	$1.135\,0\times10^{-3}$	$4.685\,0\times10^{-4}$
	MEOA	$7.561\,0\times10^{-2}$	$6.987\,0\times10^{-2}$	$5.012\,0\times10^{-2}$	$4.120\,0\times10^{-5}$
	R_2HMEOA	$2.643\,0\times10^{-3}$	$\mathbf{2.486\,0\times10^{-4}}$	$\mathbf{9.424\,0\times10^{-2}}$	$\mathbf{1.124\,0\times10^{-6}}$
F_{12}	NSGA-Ⅱ	$2.046\,0\times10^{-2}$	$1.503\,0\times10^{-2}$	$1.447\,0\times10^{-2}$	$2.056\,0\times10^{-6}$
	NSGA-Ⅲ	$4.522\,0\times10^{-4}$	$1.024\,3\times10^{-2}$	$1.105\,0\times10^{-2}$	$5.346\,0\times10^{-5}$
	MOSHO	$8.973\,0\times10^{-2}$	$2.364\,0\times10^{-2}$	$8.648\,0\times10^{-2}$	$3.356\,0\times10^{-3}$
	MOEA	$4.543\,0\times10^{-3}$	$5.345\,0\times10^{-4}$	$4.563\,0\times10^{-3}$	$1.001\,0\times10^{-4}$
	MEOA	$\mathbf{1.113\,0\times10^{-4}}$	$6.251\,0\times10^{-4}$	$7.558\,0\times10^{-3}$	$6.559\,0\times10^{-4}$
	R_2HMEOA	$1.002\,5\times10^{-3}$	$\mathbf{5.143\,0\times10^{-4}}$	$\mathbf{1.425\,2\times10^{-1}}$	$\mathbf{4.256\,0\times10^{-7}}$
F_{13}	NSGA-Ⅱ	$2.534\,0\times10^{-5}$	$3.112\,0\times10^{-4}$	$7.638\,0\times10^{-4}$	$7.011\,0\times10^{-6}$
	NSGA-Ⅲ	$1.025\,0\times10^{-3}$	$4.405\,0\times10^{-3}$	$4.512\,0\times10^{-3}$	$7.855\,0\times10^{-5}$
	MOSHO	$7.756\,0\times10^{-3}$	$2.540\,0\times10^{-5}$	$8.112\,0\times10^{-3}$	$4.036\,0\times10^{-4}$
	MOEA	$2.003\,0\times10^{-3}$	$2.506\,0\times10^{-3}$	$4.123\,0\times10^{-4}$	$\mathbf{4.512\,0\times10^{-6}}$
	MEOA	$4.895\,0\times10^{-5}$	$5.225\,0\times10^{-4}$	$9.158\,0\times10^{-4}$	$8.225\,0\times10^{-6}$
	R_2HMEOA	$\mathbf{1.205\,0\times10^{-5}}$	$\mathbf{2.024\,0\times10^{-4}}$	$\mathbf{6.111\,0\times10^{-2}}$	$4.010\,7\times10^{-4}$

在这里,我们给出了使用不同 Pareto 前沿类型(如凹、凸和断开)的算法之间的图形比较。测试函数 F_2、F_5、F_7、F_9、F_{12} 的比较结果如图 4-3 至图 4-7 所示。该结果将表 4-1 中每个算法获得的 Pareto 前沿解与实际 Pareto 前沿解进行比较。由图中各算法的 Pareto 前沿解的分布趋势可以发现,R_2HMEOA 获得的解的分布更接近真实 Pareto 解,几乎没有间断,偏差大的解远小于其他算法的,解的多样性也优于其他算法的。因此,采用该算法得到的解具有较好的覆盖率和收敛性。图 4-8 是 6 种算法在测试函数 F_2、F_5、F_7、F_9、F_{12} 上获得的 IGD 值的箱线图。可以看到,在 30 次优化过程中,R_2HMEOA 算法的 IGD 数

值偏差度在大多数情况下是几种算法中最小的。

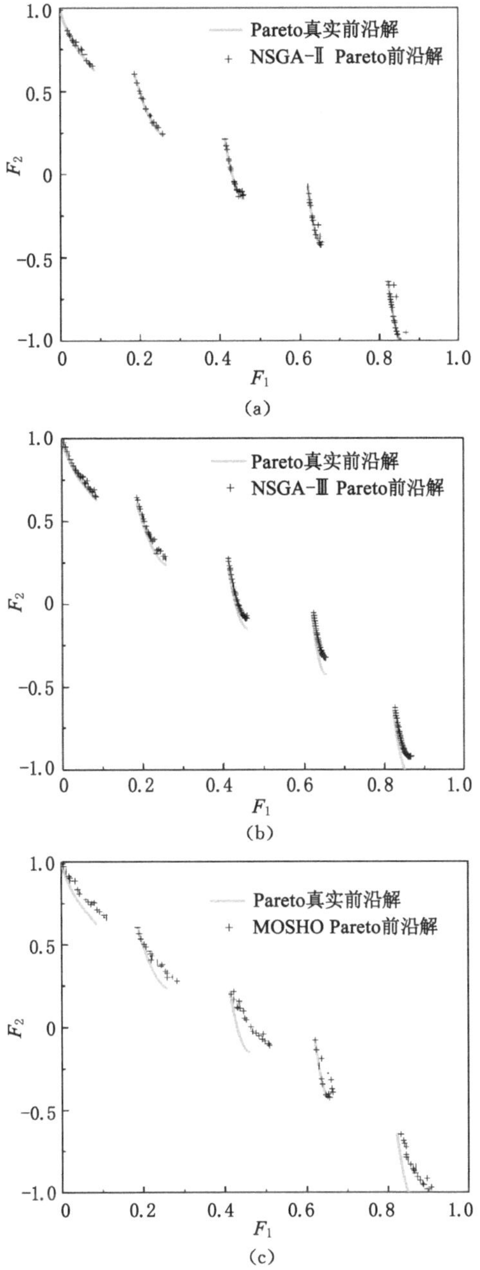

图 4-3 真实 Pareto 最优值与 F_2 上每个算法获得的 Pareto 最优值的比较

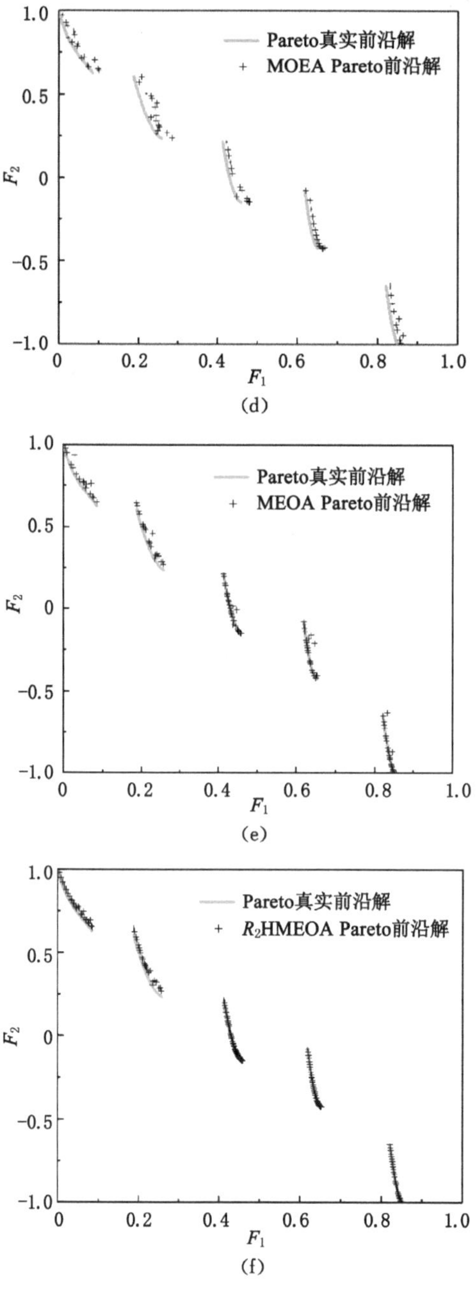
Pareto真实前沿解
MOEA Pareto前沿解
1.0
0.5
0
−0.5
−1.0
F_2
0
0.2
0.4
0.6
0.8
1.0
F_1
(d)
Pareto真实前沿解
MEOA Pareto前沿解
1.0
0.5
0
−0.5
−1.0
F_2
0
0.2
0.4
0.6
0.8
1.0
F_1
(e)
Pareto真实前沿解
R_2HMEOA Pareto前沿解
1.0
0.5
0
−0.5
−1.0
F_2
0
0.2
0.4
0.6
0.8
1.0
F_1
(f)

图 4-3 （续）

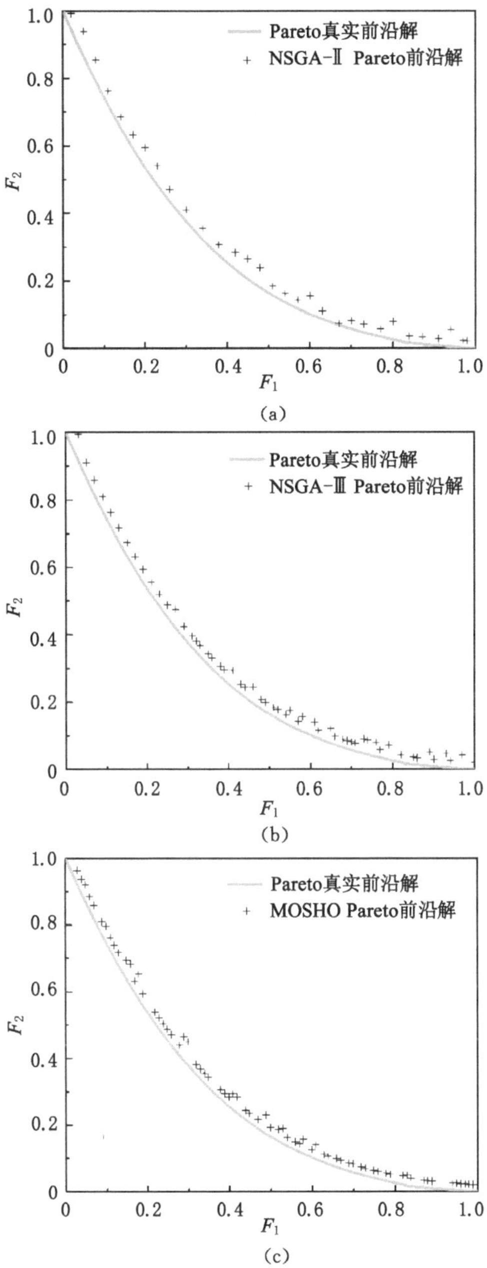

图 4-4　真实 Pareto 最优值与 F_5 上每个算法获得的 Pareto 最优值的比较

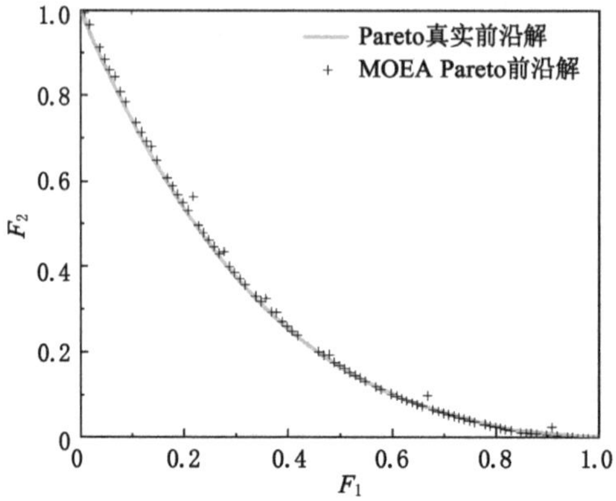
Pareto真实前沿解
MOEA Pareto前沿解
F_2
F_1
0
0.2
0.4
0.6
0.8
1.0
(d)

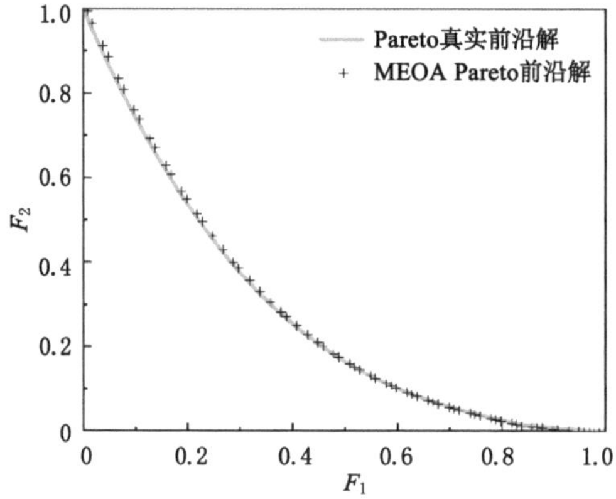
Pareto真实前沿解
MEOA Pareto前沿解
F_2
F_1
0
0.2
0.4
0.6
0.8
1.0
(e)

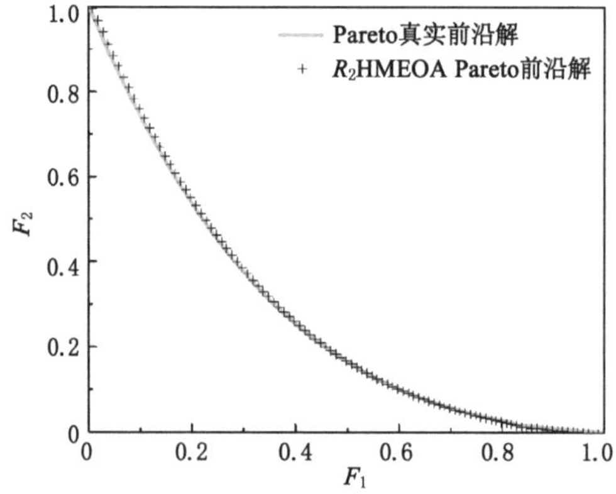
Pareto真实前沿解
R_2HMEOA Pareto前沿解
F_2
F_1
0
0.2
0.4
0.6
0.8
1.0
(f)

图 4-4 （续）

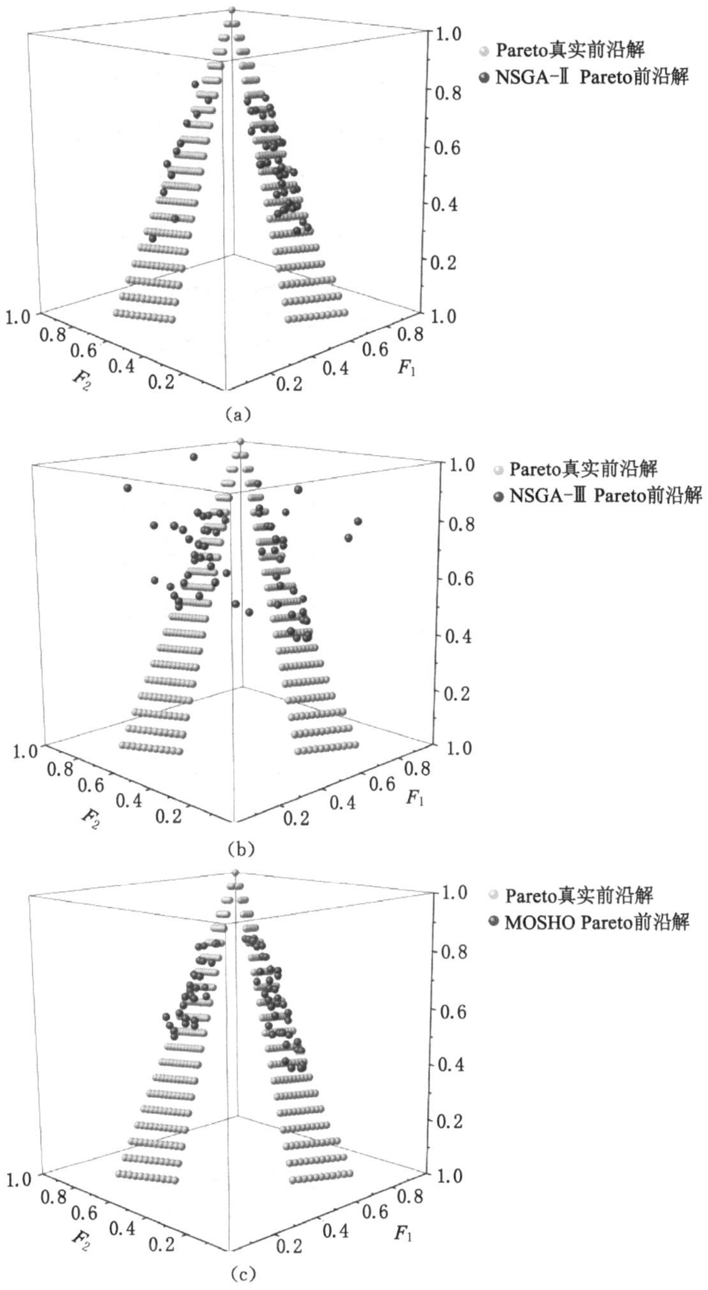

图 4-5 真实 Pareto 最优值与 F_7 上每个算法获得的 Pareto 最优值的比较

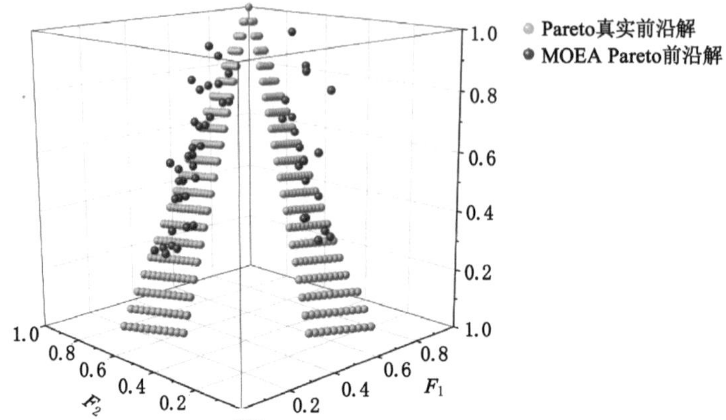

Pareto真实前沿解
MOEA Pareto前沿解
1.0
0.8
0.6
0.4
0.2
F_2
F_1

(d)

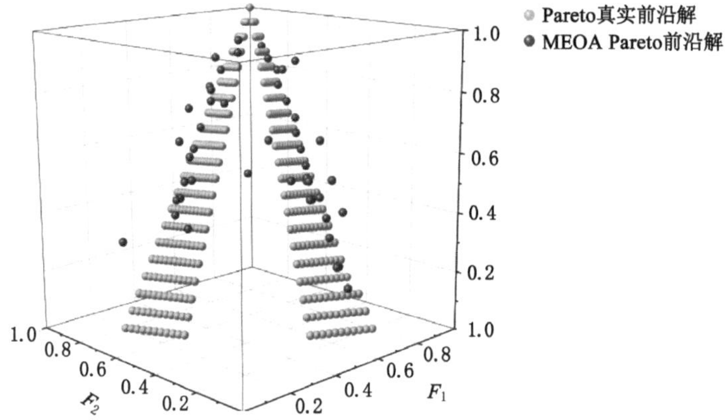

Pareto真实前沿解
MEOA Pareto前沿解
1.0
0.8
0.6
0.4
0.2
F_2
F_1

(e)

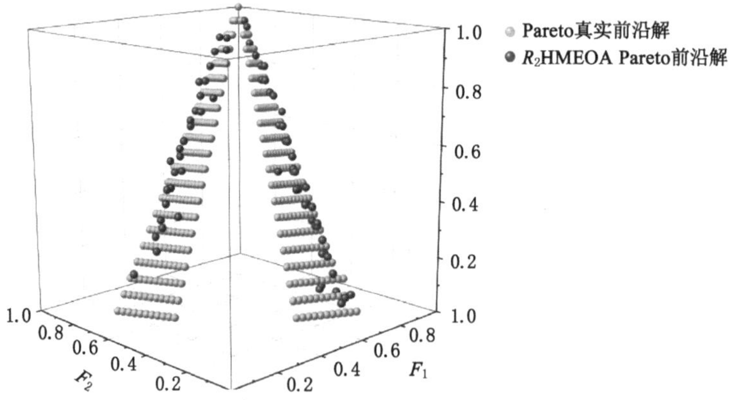

Pareto真实前沿解
R_2HMEOA Pareto前沿解
1.0
0.8
0.6
0.4
0.2
F_2
F_1

(f)

图 4-5 （续）

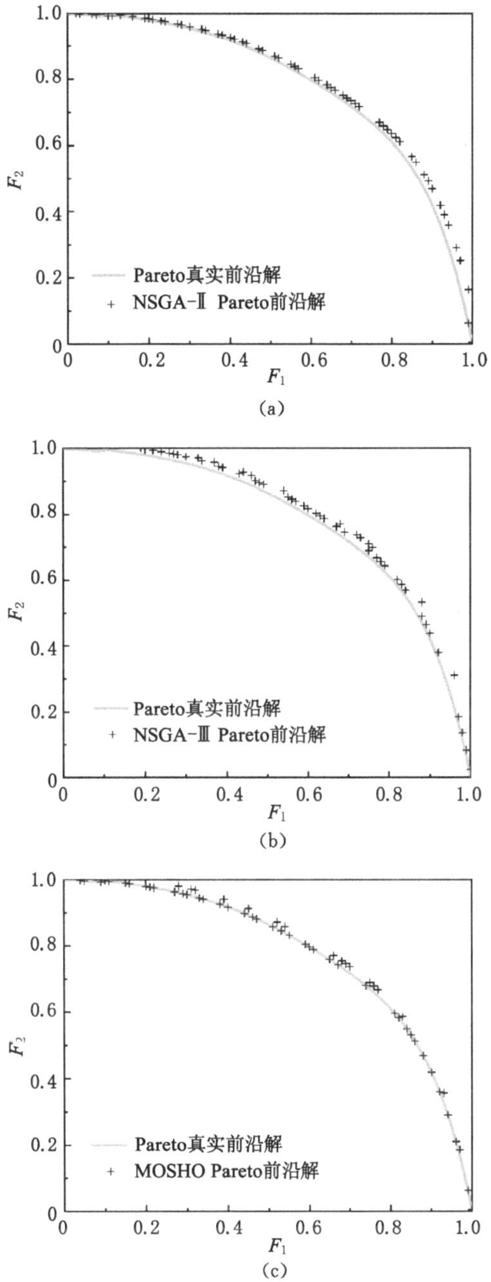

图 4-6 真实 Pareto 最优值与 F_9 上每个算法获得的 Pareto 最优值的比较

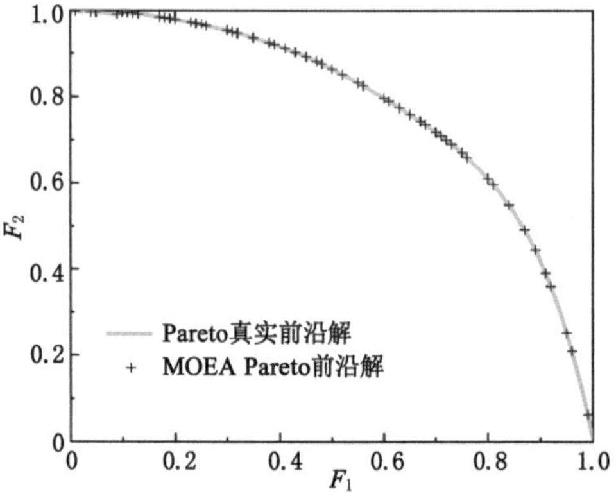
1.0
0.8
0.6
0.4
0.2
0
F_2
Pareto真实前沿解
MOEA Pareto前沿解
0.2
0.4
0.6
0.8
1.0
F_1

(d)

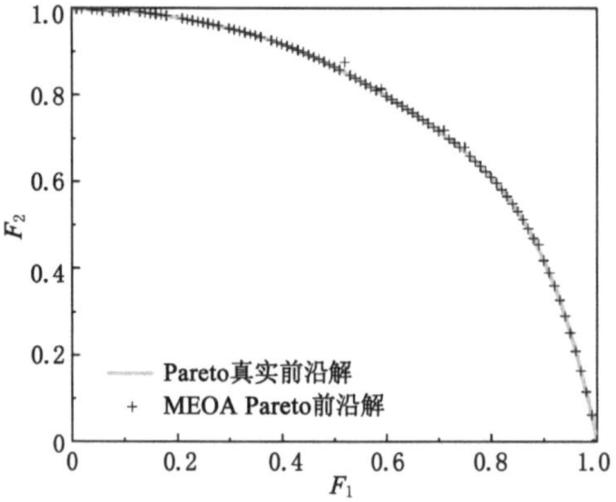
1.0
0.8
0.6
0.4
0.2
0
F_2
Pareto真实前沿解
MEOA Pareto前沿解
0.2
0.4
0.6
0.8
1.0
F_1

(e)

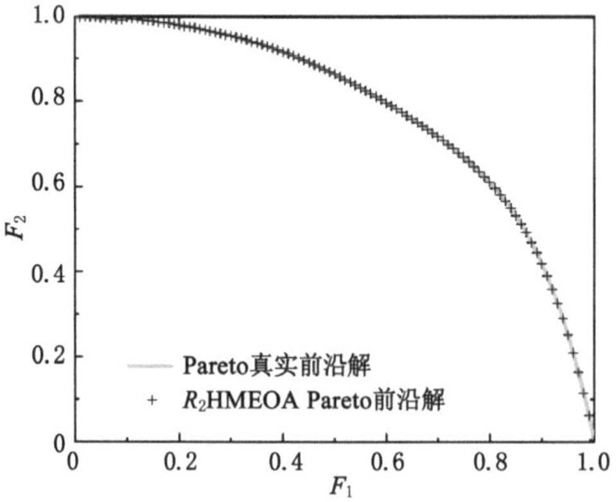
1.0
0.8
0.6
0.4
0.2
0
F_2
Pareto真实前沿解
R_2HMEOA Pareto前沿解
0.2
0.4
0.6
0.8
1.0
F_1

(f)

图 4-6 （续）

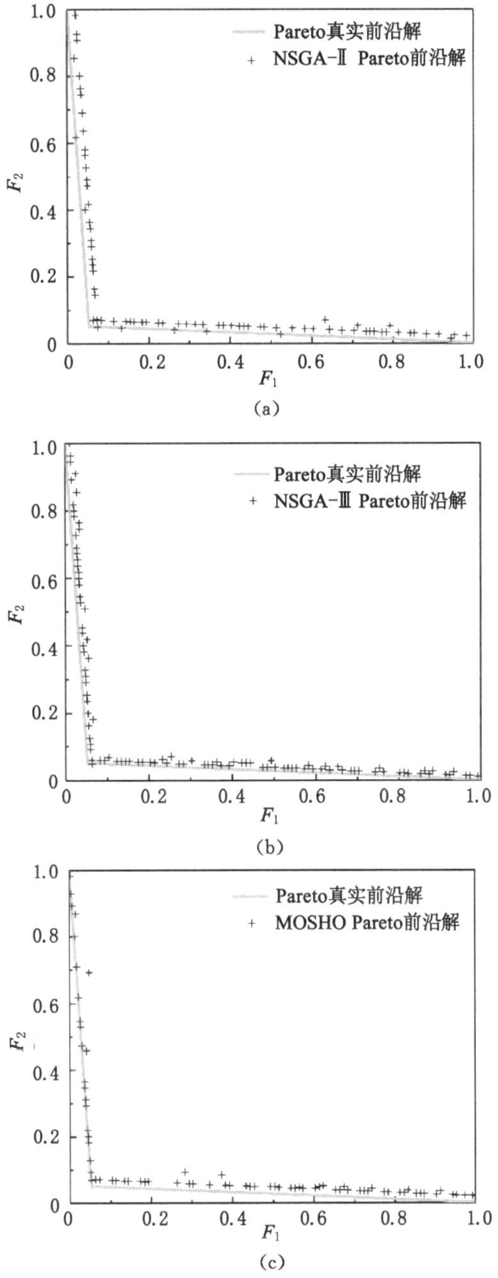

图 4-7　真实 Pareto 最优值与 F_{12} 上每个算法获得的 Pareto 最优值的比较

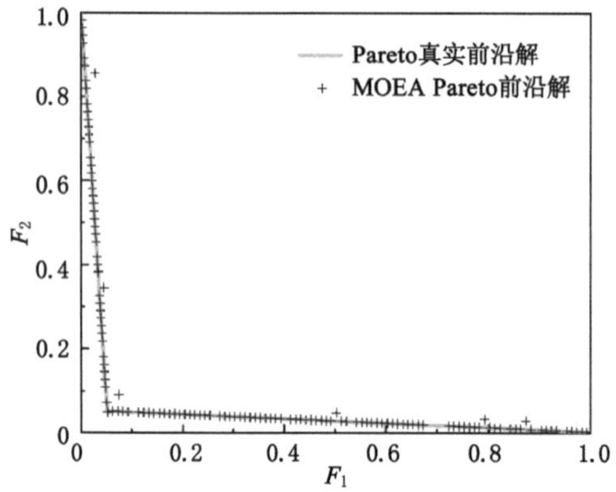
Pareto真实前沿解
MOEA Pareto前沿解
F_2
F_1
1.0
0.8
0.6
0.4
0.2
0
0.2
0.4
0.6
0.8
1.0
(d)

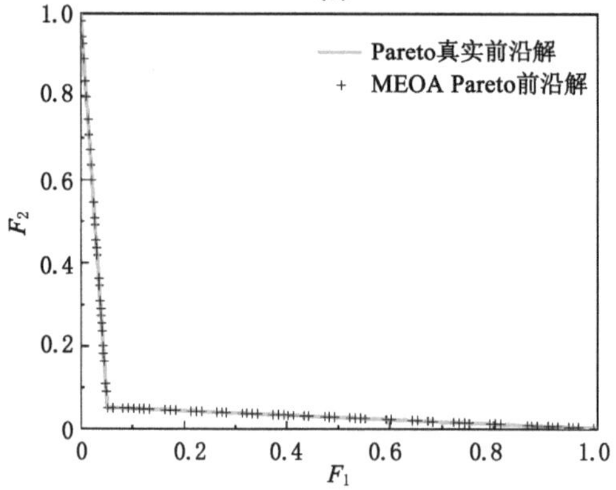
Pareto真实前沿解
MEOA Pareto前沿解
F_2
F_1
1.0
0.8
0.6
0.4
0.2
0
0.2
0.4
0.6
0.8
1.0
(e)

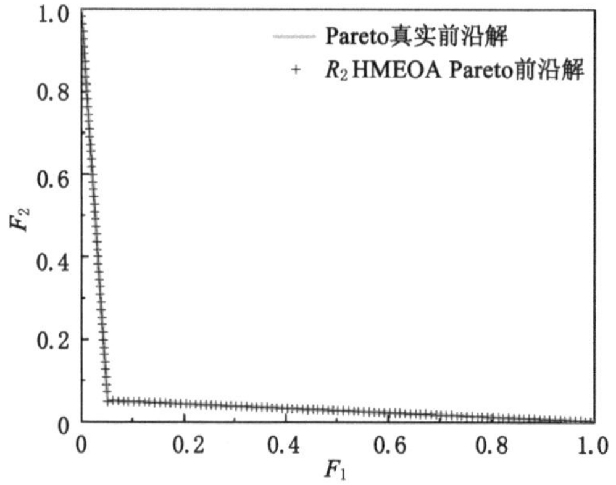
Pareto真实前沿解
R_2HMEOA Pareto前沿解
F_2
F_1
1.0
0.8
0.6
0.4
0.2
0
0.2
0.4
0.6
0.8
1.0
(f)

图 4-7 （续）

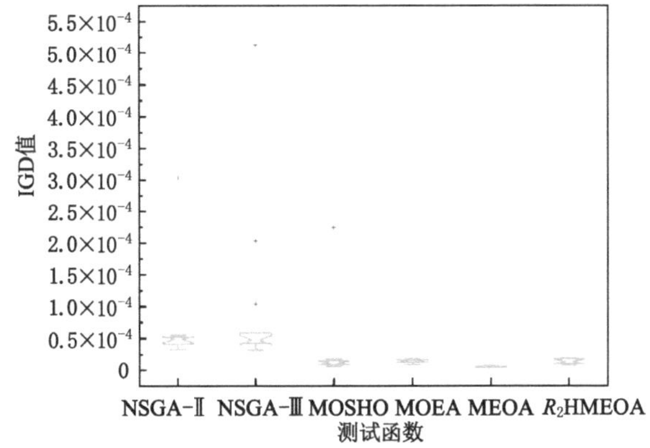

(a)

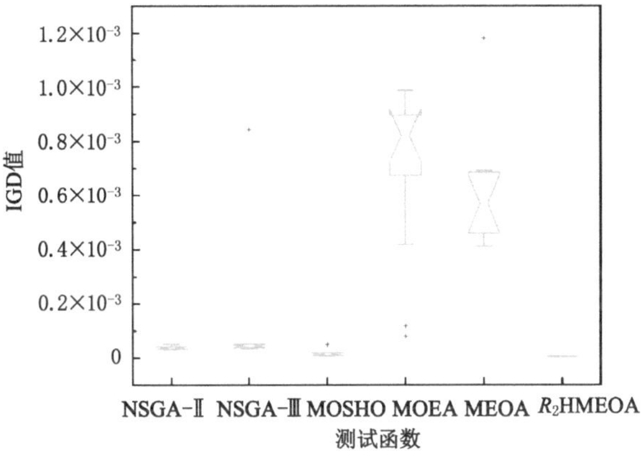

(b)

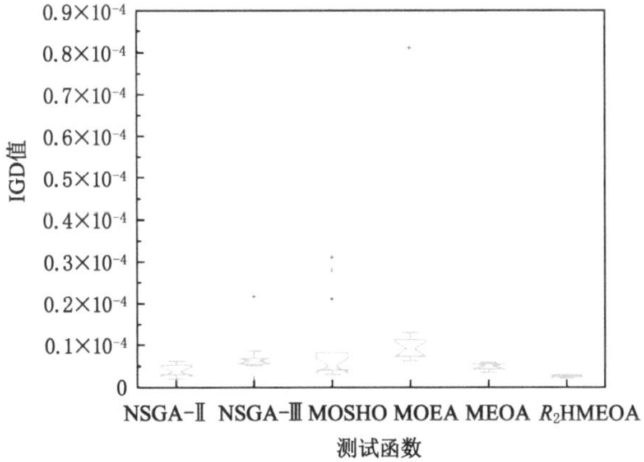

(c)

图 4-8 IGD 值 F_2,F_5,F_7,F_9,F_{12} 上 5 个测试函数的箱线图比较

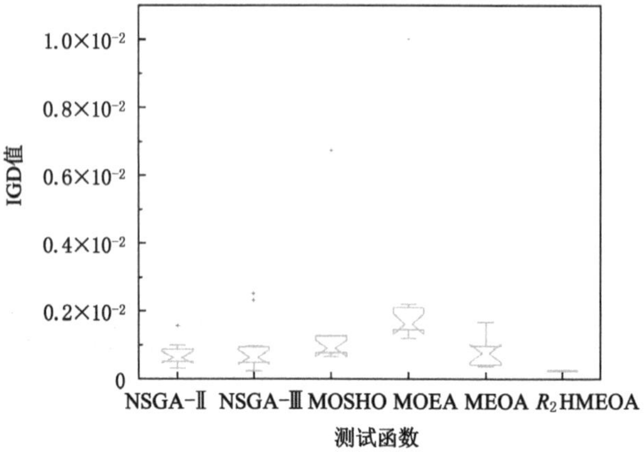

(d)

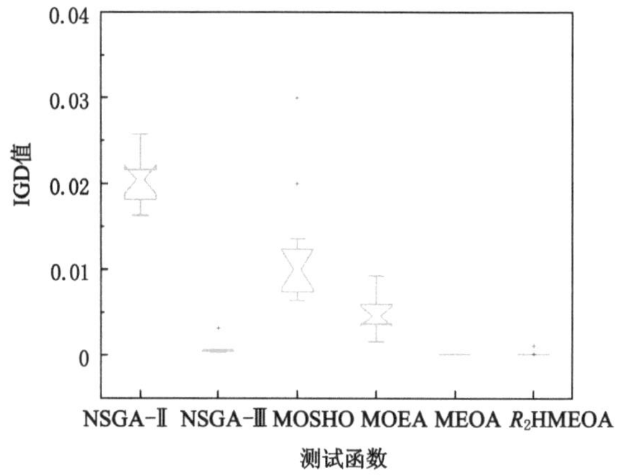

(e)

图 4-8 （续）

4.4 工程应用分析

4.4.1 矿井通风系统多目标优化建模

第 3 章建立了以矿井通风总能耗最低为目标的单目标模型，且目前相关研究均采用单目标优化模型来描述矿井通风系统优化问题。然而，在矿井通风系统实际工作过程中，风机工作状态也是非常重要的[77]，因此本章综合考虑矿井通风总功耗、风机轴功率、风机效率，从而将该问题改进为多目标优化问题。

4.4.1.1 目标函数

(1) 通风能耗

在矿井通风系统能耗中通风机的能耗占绝大部分，因此可以直接用风机能耗作为目标函数，在满足矿井通风网络中按需分风要求的前提下，求解使通风网络总功耗达到最低的其他分支的最佳风量[143]，因此选取通风机总能耗最低为第一个优化目标，该目标函数可以描述为：

$$\min f_1 = \sum_{i=1}^{I} H_{iF} \cdot Q_{iF} \tag{4-3}$$

式中，I 为矿井中分支总数；H_{iF} 为分支 i 中所有风机通风阻力之和；Q_{iF} 为分支 i 中所有通风机风量之和。

(2) 风机轴功率

由电动机的传动部件输送给主要通风机的功率称为轴功率[163]，用 P_s 表示，单位为 kW，计算公式如式(4-4)所示。

$$P_s = \frac{HQ}{1\ 000\eta_s} \tag{4-4}$$

式中，H 为通风系统总阻力，等于通风机全压；Q 为风机风量；η_s 为风机的效率。

因此第二个优化目标可以描述为矿井通风系统中所有风机的轴功率之和最大。为了方便求解，将其转化为最小化问题，该目标函数表达式为：

$$\min f_2 = -\left(\max\sum_{\beta=1}^{N_F} P_s^{\beta}\right) = -\left(\max\sum_{\beta=1}^{N_F} \frac{H^{\beta}Q^{\beta}}{1\ 000\eta_s^{\beta}}\right) \tag{4-5}$$

式中，N_F 为矿井中通风机的数量；P_s^{β} 为矿井中第 β 个风机的轴功率；H^{β} 为第 β 个风机所在最大通风阻力路径的总阻力；Q^{β} 为第 β 个风机风量；η^{β} 为第 β 个风机的全压效率。

(3) 风机效率

风机效率是指有效功率与输入功率的比值[164]，用 η 表示，一般主要通风机效率用全压效率衡量，其计算公式为：

$$\eta = \frac{HQ}{1\ 000P_s} \tag{4-6}$$

因此第 3 个目标优化函数可以描述为矿井中所有风机效率之和最大，同样转化为最小化问题，该目标函数表达式为：

$$\min f_3 = -\left(\max\sum_{\beta=1}^{N_F}\eta_s^{\beta}\right) = -\left(\max\sum_{\beta=1}^{N_F}\frac{H^{\beta}Q^{\beta}}{1\,000P_s^{\beta}}\right) \tag{4-7}$$

式中，η_s^{β} 为矿井中第 β 个风机的效率。

该模型约束条件同 3.1 节。

4.4.1.2 矿井通风系统多目标优化模型

综上所述，将通风能耗、风机轴功率和风机效率作为通风系统优化的目标函数。因此，矿井通风系统多目标优化模型可描述如下：

$$\begin{cases}\min Z = [f_1, f_2, f_3] \\ \text{s. t.} \sum_{j=1}^{N_i}\omega_{ij}Q_i = 0 \quad (N_i = 1,2,\cdots,J) \\ \sum_{i=1}^{M}c_{ij}[R_iQ_i^2 - (P_i + H_{iF})] = 0 \\ H \leqslant 0.9H_{\max} \\ Q_{i\min} \leqslant Q_i \leqslant Q_{i\max} \\ \eta \geqslant 60\% \end{cases} \tag{4-8}$$

矿井通风系统中风机特性曲线如图 4-9 所示。图中矿井风阻特性曲线 $L(H=R\cdot Q^2)$ 与风机特性曲线的交汇点即风机实际工作工况点，因此可以通过优化矿井风阻来调整风机特性曲线，从而对上述目标函数求解。

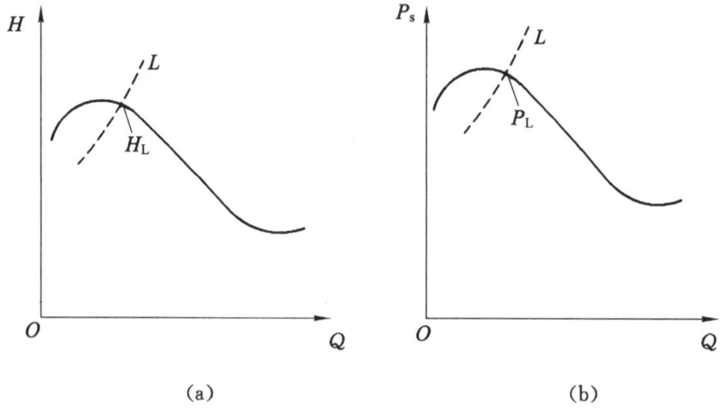

图 4-9 风机特性曲线

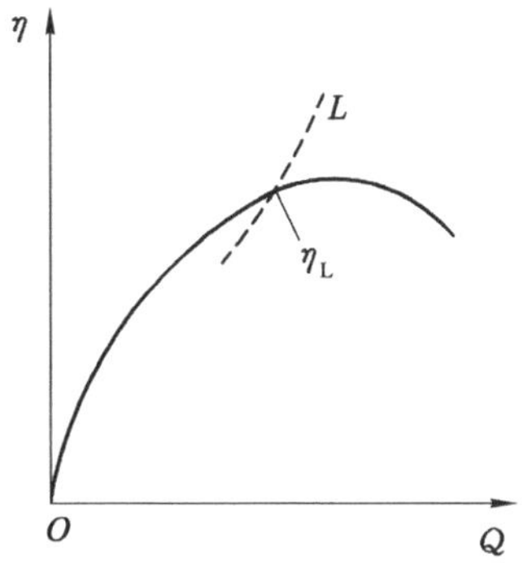

(c)

图 4-9 （续）

为了满足求解要求，通过采用不可微精确罚函数将模型(4-6)改写，如式(4-9)所示。

$$\begin{cases} \min PZ = [f_1, f_2, f_3] \\ Pf_1 = f_1 + \text{Penal} \\ Pf_2 = f_2 + \text{Penal} \\ Pf_3 = f_3 + \text{Penal} \end{cases} \tag{4-9}$$

其中 Penal 为惩罚项，如式(4-10)所示。

$$\begin{aligned} \text{Penal} = {} & \lambda_1 \sum_{i=1}^{I} \left| \min\{0, Q_{\max} - Q_i\} + \min\{0, Q_i - Q_{\max}\} \right| + \\ & \lambda_2 \sum_{\beta=1}^{N_F} \left| \min\{0, 0.9H_{\max} - H_\beta\} + \min\{0, \eta_\beta - 0.6\} \right| \end{aligned} \tag{4-10}$$

式中，λ_1 和 λ_2 为惩罚因子，取值可以根据矿井实际情况设置为大于 0 的常数。

4.4.2 王家岭矿通风系统改造分析

在 Visual Studio 2019 平台上混合使用 C# 和 C++ 编程开发了三维通风模拟和优化系统软件，并将上述提出的矿井通风系统优化方法应用于对王家岭矿井的模拟。通过测量王家岭煤矿通风系统的阻力，将测量数据和王家岭煤矿通风系统图导入软件，并对通风系统的风量分布进行计算机模拟。为了提高计算速度，在不影响结果的情况下简化了矿井通风系统。根据《煤矿安全规程》，“高瓦斯矿井应采用分区通风或对角通风”，因此该通风需要增加 2 个进风井和 1 个回风井。图 4-10 为改进的矿井通风系统示意图。图 4-11 为王家岭煤矿通风系统网络图。通过在图中对每个节点编号，矿井通风系统中有 226 个节点和

297 条隧道。表 4-4 为隧道的一些基本参数，其中编号 285～297 为新增加隧道，附录 B 显示了完整数据。

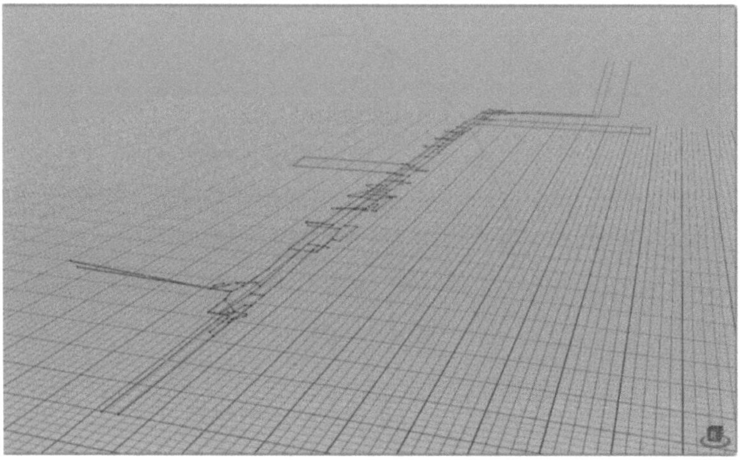

图 4-10　王家岭煤矿通风系统图

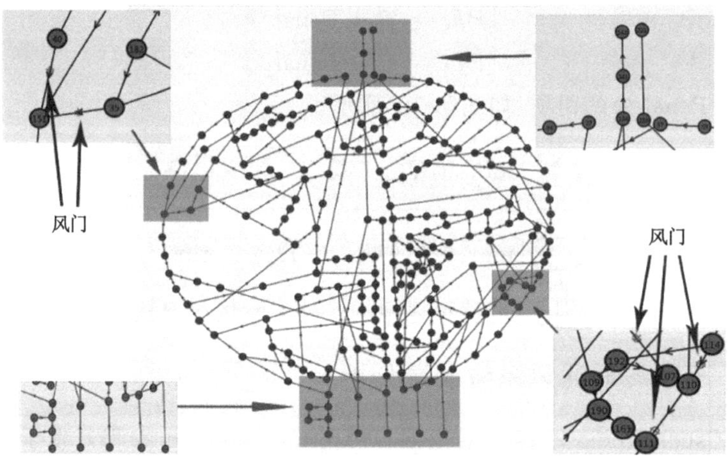

图 4-11　王家岭煤矿通风系统网络图

4.4.3　优化结果分析

为了验证该算法的有效性，将其与 NSGA-Ⅱ、NSGA-Ⅲ、MOSHO、MOEA 比较。采用 5 种算法对目标函数进行了 50 次尝试，优化结果由 50 次的平均值表示，见表 4-5。

表 4-4 部分巷道基础参数

编号	Q /(m³/s)	R /(N·s²/m⁸)	可调	编号	Q /(m³/s)	R /(N·s²/m⁸)	可调	编号	Q /(m³/s)	R /(N·s²/m⁸)	可调	编号	Q /(m³/s)	R /(N·s²/m⁸)	可调
1	2.019 4	0.000 068 9	N	23	25.576	0.000 017 4	N	45	11.087 0	0.000 064 9	N	67	3.071 6	0.000 064 6	Y
2	2.019 4	0.000 067 0	N	24	25.576	0.000 091 3	N	46	11.087 0	0.000 049 6	N	68	0.119 4	0.000 020 2	Y
3	2.008 4	0.000 071 8	Y	25	1.294 6	0.000 077 8	N	47	19.383 0	0.000 080 5	N	69	1.240 5	0.008 884 0	Y
4	2.008 4	0.000 030 5	Y	26	0.614 2	0.000 068 4	N	48	19.383 0	0.000 052 6	N	70	21.863 5	0.001 224 0	N
5	77.639 4	0.000 053 1	N	27	1.013 5	0.000 027 8	N	49	9.230 1	0.000 099 9	N	71	19.766 8	0.001 661 0	N
6	77.639 4	0.000 097 6	N	28	1.013 5	0.000 057 5	N	50	0.593 0	0.000 041 3	Y	72	32.042 1	0.003 326 0	N
7	77.639 4	0.000 016 7	N	29	0.990 4	0.000 069 4	N	51	9.684 7	0.000 095 5	N	73	28.173 2	0.016 800 0	N
8	0.759 9	0.000 077 4	N	30	0.661 7	0.000 064 8	N	52	0.661 3	0.000 024 4	Y	74	28.055 8	0.006 570 0	N
9	0.655 3	0.000 096 8	N	31	0.661 7	0.000 098 9	N	53	3.308 3	0.000 046 1	N	75	32.025 4	0.000 349 6	N
10	0.655 3	0.077 550 0	N	32	0.661 7	0.000 033 1	N	54	3.308 3	0.074 590 0	N	285	0.073 8	0.000 086 5	N
11	5.461 400 0	0.000 073 0	N	33	1.059 5	0.000 047 0	Y	55	0.661 3	0.069 130 0	Y	286	62.943 9	0.000 074 8	N
12	5.461 400 0	0.000 035 0	N	34	1.059 5	0.000 002 0	Y	56	0.834 6	0.002 160 0	N	287	122.743 0	0.000 030 6	N
13	5.461 400 0	0.000 092 8	N	35	6.218 4	0.062 890 0	N	57	4.847 8	0.015 540 0	N	288	180.000 0	0.000 021 8	N

表 4-4(续)

编号	Q /(m³/s)	R /(N·s²/m⁸)	可调	编号	Q /(m³/s)	R /(N·s²/m⁸)	可调	编号	Q /(m³/s)	R /(N·s²/m⁸)	可调	编号	Q /(m³/s)	R /(N·s²/m⁸)	可调
14	5.461 4	0.080 739 8	N	36	6.218 4	0.1960 012 0	N	58	4.847 8	0.009 927 0	N	289	62.943 9	0.000 048 3	N
15	4.909 8	0.000 032 1	N	37	0.801 9	0.000 093 0	Y	59	0.501 3	0.000 041 1	Y	290	62.943 9	0.000 366 0	N
16	0.992 2	0.000 038 5	N	38	0.801 9	0.000 011 7	N	60	0.472 5	0.000 066 0	Y	291	122.743 0	0.000 039 5	N
17	3.917 7	0.088 330 0	N	39	0.801 9	0.000 011 5	N	61	0.334 1	0.000 059 2	N	292	122.743 0	0.000 003 4	N
18	3.917 7	0.000 049 8	N	40	17.143 0	0.000 033 5	Y	62	0.334 1	0.000 064 1	Y	293	180.000 0	0.000 041 0	N
19	1.294 6	0.000 035 3	N	41	0.159 5	0.000 015 7	Y	63	2.096 7	0.000 059 6	Y	294	0.073 8	0.000 047 3	N
20	1.116 3	0.000 002 4	N	42	0.934 9	0.000 051 2	N	64	0.375 5	0.000 064 8	Y	295	4.312 1	0.000 073 5	N
21	0.178 3	0.000 001 3	Y	43	0.934 9	0.000 029 4	N	65	0.718 6	0.000 017 6	Y	296	63.017 7	0.000 061 1	N
22	0.178 3	0.004 020 0	N	44	0.934 9	0.000 008 0	Y	66	0.730 5	0.000 004 5	N	297	118.431 0	0.000 076 3	N

表 4-5　5 种算法优化结果

目标函数		f_1/kW	f_2/kW	f_3/%
初始值		1 868	1 352	59.7
NSGA-Ⅱ	函数值	1 805	1 400	65
	优化效应	−03.37%	3.56%	8.88%
NSGA-Ⅲ	函数值	1 789	1 421	67
	优化效应	−4.23%	5.10%	12.23%
MOSHO	函数值	1 654	1 392	71
	优化效应	−11.46%	2.96%	18.93%
MOEA	函数值	1 630	1 433	79
	优化效应	−12.74%	5.99%	32.33%
R_2HMEOA	函数值	1 523	1 489	85.2
	优化效应	−18.47%	10.13%	42.71%

由表 4-5 可以看出，在应用 R_2HMEOA 优化王家岭矿通风系统后，矿井通风功耗降低了 18.47%，轴功率增大了 10.13%，效率提高了 42.71%，是 5 种算法中最好的，从而证明了所提出算法的有效性。表 4-6 为某次运行过程中的数据记录表，其中负值表示巷道风压降低，正值表示巷道风压增加(通过调整风门开闭角度实现)。

表 4-6　某次运行过程中的数据记录表

分支编号	NSGA-Ⅱ		NSGA-Ⅲ		MOSHO		MOEA		R_2HMEOA	
	Q	h	Q	h	Q	h	Q	h	Q	h
21	0.487 2	—	1.314 1	−0.051 2	0.568 9	—	0.522 1		1.514 1	−0.043 2
33	3.894 3	−1.741	2.894 3	−0.985 4	1.869 2	—	1.795 3	—	1.090 3	—
34	3.002 1	—	3.259 4	—	3.291	−0.056 4	3.091		2.001 1	
37	17.256 4	—	18.665 2	—	19.184	—	16.251 8	−0.001 1	15.421 3	—
50	21.096 2	0.023	25.221 5	—	29.359	—	25.002 1	—	26.096 2	0.125
59	14.995 6	—	15.989 9	—	12.629	0.003 1	15.439 9	—	12.002 5	—
92	95.225 4	—	95.332 6	—	91.568	—	110.863	−1.55	65.221 3	—
137	165.05 3	0.001 2	165.053	—	120.05	1.22	167.001	—	100.053	3.25
191	1.652 8	—	2.225 4	—	3.911 6	−0.026 5	2.422 3	—	1.666 2	—
199	2.689 2	—	3.170 2	0.002 5	3.975 9	—	3.245 3	—	2.172 2	—

表 4-6(续)

分支编号	NSGA-Ⅱ		NSGA-Ⅲ		MOSHO		MOEA		R_2HMEOA	
	Q	h	Q	h	Q	h	Q	h	Q	h
210	16.854 6	—	17.265 8	—	19.998	—	16.211 1	0.009 9	19.211	−0.005 8
226	1.112 6	—	1.822 1	—	1.002 1	—	1.010 3	0.005 9	1.000 1	—
246	2.302 1	—	2.006 1	0.001 2	2.695 2	—	2.353 8	—	2.503 1	—
276	2.436 5	—	2.158 6	—	2.133 6	—	2.121 5	—	2.125 2	−0.022 8

图 4-12 为某次运行时候的收敛曲线，为了消除多个目标对优化过程的影响，将目标函数用式(4-11)归一化处理。

$$f_i = \frac{f_i^{\mathrm{current}} - f_i^{\min}}{f_i^{\max} - f_i^{\min}} \quad (i = 1,2,3) \tag{4-11}$$

式中，f_i 为归一化后第 i 个目标函数值；f_i^{current} 为运行过程中第 i 个目标函数值；$f_i^{\min}$ 为运行过程中第 i 个目标函数值最小值；$f_i^{\max}$ 为运行过程中第 i 个目标函数值最大值，归一化后的目标函数如式(4-12)所示。

$$\min Z = \min \sum_{i=1}^{3} f_i \quad (i = 1,2,3) \tag{4-12}$$

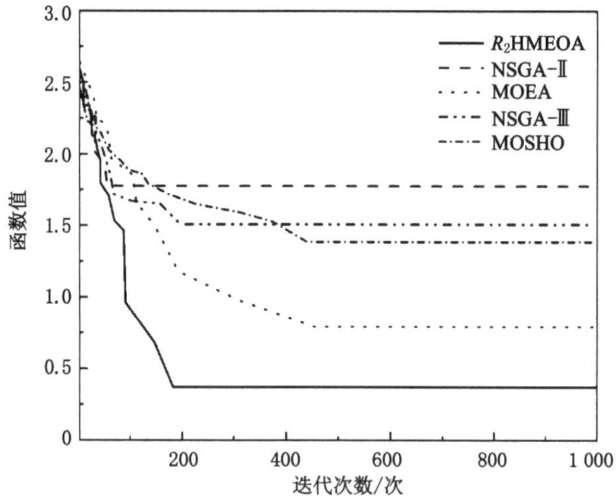

图 4-12　收敛曲线

从图 4-12 可以清楚看到 5 种算法的收敛过程，NSGA-Ⅱ算法在迭代 100 次左右时达到收敛状态，是 5 种算法中收敛最快的，但是不是全局最优值，R_2HMEOA 算法在 190 次左右时达到收敛状态，收敛速度比 NSGA-Ⅱ的慢，但是仍然快于其他 3 种算法，而且是最接近全局最优值的算法，从而证明 R_2HMEOA 在收敛速度和收敛精度方面的优势。

4.5 本章小结

本章针对复杂系统的多目标优化问题提出了一种结合 R_2 索引的排序算法，该算法可以有效排序 Pareto 解，并快速找到最接近真实 Pareto 的解。通过引入理想点向量和最低点向量来更新参考点，改进了参考点策略，这对标准化目标起到了至关重要的作用。提出了一种基于 R_2 索引的精英存档策略，以提高算法的优化速度。提出了一种混合 R_2 指标的多目标均衡优化算法(R_2HMEOA)。在 DTLZ、UF、MMF、GLT 系列的 12 个测试函数上对包含 R_2HMEOA 算法在内的 5 种多目标优化算法进行测试，结果表明该算法具有明显的优势，能够快速准确找到最接近的 Pareto 解。为了验证该方法的工程应用效果，以中煤华晋集团有限公司王家岭矿为试验对象，建立了基于通风功耗、风机轴功率和工作效率的多目标优化模型，通过采用不可微精确罚函数将模型改写为无约束函数，将该算法应用于中煤华晋集团有限公司王家岭矿通风系统优化过程中，结果表明，该算法能有效降低通风功耗，提高风机轴功率和工作效率，从而验证了该方法的有效性。

5 基于改进鸽群算法的复杂系统智能调控方法研究

5.1 引言

目前复杂系统的智能调控仍然是该领域的研究热点问题之一，由于各组件间具有高耦合特性，使得在复杂系统智能调控方面进展依然很小，为了解决该问题，引入智能优化算法，对传统鸽群算法进行改进，引入一种基于切比雪夫滤波器对罗盘算子进行非线性变化改进，并在地图搜索阶段引入 Levy flight，从而避免陷入局部最优，引入一种实数编码的量子表示方法改进算法的收敛方向，并对鸽群淘汰机制进行改进。为了验证该算法在复杂系统智能调控领域的工程应用情况，以中煤华晋集团有限公司王家岭矿三维通风仿真与优化系统为研究对象，建立矿井智能风量调节模型，同时为达到一体化求解目的，将其转换为最小欧式距离的求解问题；基于灵敏度分析了分支的可调特性，仿真结果表明，在对 5 种不同类型巷道的 150 次增、减风调节中只有 2 次出现严重偏差，准确率达到 98.6%，因此该方法能够高效、稳定地对矿井风量进行调节，从而验证该方法对于解决复杂系统智能调控问题的有效性。

5.2 鸽群算法原理

鸽群算法[165-166]是由段海滨等人于 2014 年提出的一种效仿鸽群归巢的新的群体智能算法，算法由地图罗盘因子和地标算子两部分构成，其中地图罗盘因子是鸽群远距离判定归巢方向的工具，地标算子是接近巢穴后修正精度的工具。

在算法寻优过程中，鸽子个体代表问题的解，由位置和速度共同表示，共包括两个部分迭代，分别为地图迭代和地标迭代。在第 t 次迭代时，鸽子 i 的速度和位置更新如式(5-1)所示。

$$\begin{cases} V_i(t) = V_i(t-1) \cdot \mathrm{e}^{-Rt} + r \cdot [X_{\text{best}} - X_i(t-1)] \\ X_i(t) = X_i(t-1) + V_i(t) \end{cases} \tag{5-1}$$

式中,R 为地图罗盘因数,取值在[0—1]内;R 为随机数;X_{best}为上一次迭代时候的最优位置;t 为迭代总次数。

当鸽群到达目的地附近时,一般算法中取当迭代次数超过总次数的$\frac{3}{4}$,开始进行地标迭代过程,每次将会淘汰一半的迷失鸽群,未被淘汰的优质鸽群将会以第 t 次迭代的鸽群中心点作为参考方向对每一只鸽子进行更新,则此时第 t 次迭代时,鸽子 i 的速度和位置更新如式(5-2)所示。

$$\begin{cases} N(t) = \dfrac{N(t-1)}{2} \\ X_c(t-1) = \dfrac{\sum\limits_{i=1}^{N(t-1)} X_i(t-1) \cdot g[X_i(t-1)]}{N(t-1) \sum\limits_{i=1}^{N(t-1)} g[X_i(t-1)]} \\ X_i(t) = X_i(t-1) + r \cdot [X_c(t-1) - X_i(t-1)] \end{cases} \tag{5-2}$$

式中,$N(t)$为第 t 次迭代时鸽群的数量;$X_c(t-1)$为第 $t-1$ 次迭代时鸽群的中心位置;$g()$为鸽子的适应度函数。

5.3 改进鸽群算法

5.3.1 改进地标算子 R

定义动态因子 $a=\mathrm{e}^{-Rt}$,在传统鸽群算法中,罗盘因子 R 一般设置为定值,图 5-1 为当 R 在不同取值情况下对动态权值的影响,由图可见,当 R 设定值过大时,动态权值很快衰减到 0,因此算法失去了全局搜索能力,即容易过早陷入局部最优;当 R 设定值过小时,算法收敛过慢。

因此需要对 R 的值进行改进,由于算法前期搜索需要较强的全局搜索能力,接近目标后需要较强的局部搜索能力,因此本书引入一种基于切比雪夫滤波器的罗盘因子非线性变化策略,从而调整 R 的值进行动态更新,其数学模型如式(5-3)所示。

$$R(t) = \frac{0.55}{\sqrt{1+\left(\dfrac{t}{T}\right)^{10}}} + 0.4 \tag{5-3}$$

式中,T 为最大迭代次数。

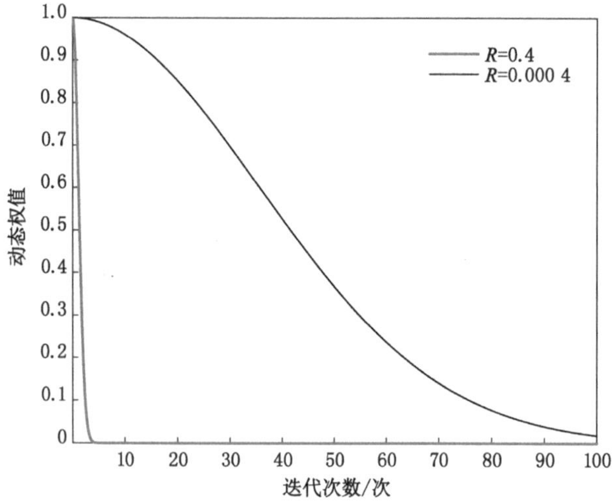

图 5-1　R 不同取值对动态权值的影响

图 5-2 为改进后的 R 对动态权值的影响图，迭代开始时 R 值较大，具有很强的全局搜索能力，当靠近目标后，R 变小，局部搜索能力变强。

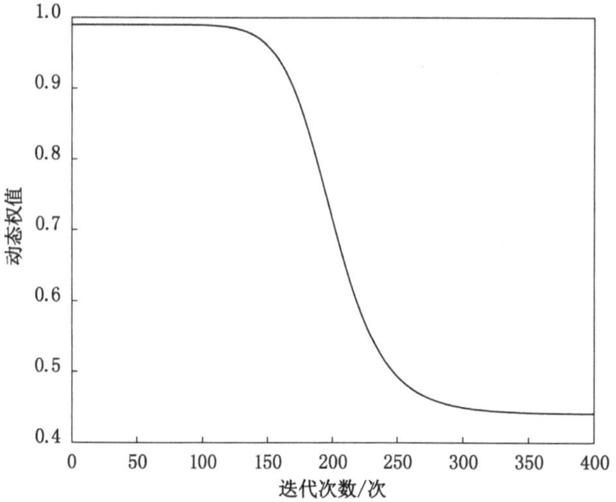

图 5-2　改进后 R 值对动态权值的影响

5.3.2　引入 Levy flight

Levy flight 是一种随机游走模型，可以在任意维度空间中，一个点向任意方向前进随机长度的距离，并重复该过程，步长的分布是重尾分布，且每次的轨迹都不一样，某一次飞行轨迹如图 5-3 所示。

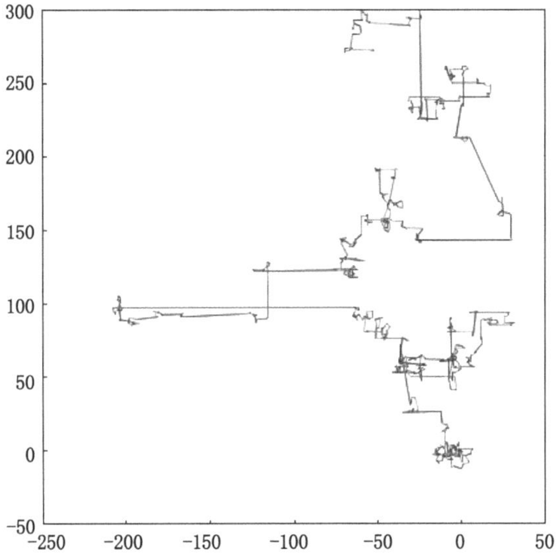

图 5-3 Levy flight 飞行轨迹

其数学模型可以用式(5-4)表示。

$$\mathrm{levy}(x) \sim \zeta = t^{\lambda} \quad (1 \leqslant \zeta \leqslant 1.5) \tag{5-4}$$

式中，x 为随机步长；ζ 为指数参数。

由于 Levy flight 的方差是快速无线增长的，所以在鸽群算法的初始搜索阶段，即地图迭代阶段，引入 Levy flight 不但能够加快搜索速度，而且能有效避免陷入局部最优。改进后的算法地图迭代阶段表达式如(5-5)所示。

$$\begin{cases} V_i(t) = V_i(t-1) \cdot \mathrm{e}^{-Rt} + \mathrm{levy}(x) \cdot r \cdot [X_{\mathrm{best}} - X_i(t-1)] \\ X_i(t) = X_i(t-1) + V_i(t) \end{cases} \tag{5-5}$$

5.3.3 改进收敛方向

传统鸽群通过磁感来感受磁场，在脑海中绘制地图，并将太阳当作指南针来调整飞行方向，该方法收敛速度慢。因此本书引入一种实数编码的量子[20]表示方法改进算法的收敛方向，从而加快算法搜索进度。

每个量子的状态可以描述为正态和伪态，即“0”态和“1”态，可用式(5-6)表示。

$$|\psi\rangle = \theta|0\rangle + \vartheta|1\rangle \tag{5-6}$$

式中，θ、ϑ 分别为两种状态的线性概率，且满足：

$$\theta_i^2 + \vartheta_i^2 = 1 \quad (i = 0,1,2,\cdots,n) \tag{5-7}$$

在算法搜索过程中，认为最优解是两个状态概率的线性叠加，因此最优解的量子可以用式(5-8)表示。

$$x_{\text{gbest}}^{\text{T}} = \begin{bmatrix} x_{\text{gbest},1}^{\text{T}} & x_{\text{gbest},2}^{\text{T}} & \cdots & x_{\text{gbest},3}^{\text{T}} \\ \alpha_1 & \alpha_2 & \cdots & \alpha_n \end{bmatrix} \tag{5-8}$$

因此鸽子的收敛方向可以被定义为式(5-9)。

$$D_{j,c} = \tilde{x}_{\text{gbest}} - x_j \tag{5-9}$$

式中，$\tilde{x}_{\text{gbest}}$为候选解的观测值，引用式(5-10)计算其概率密度，得到最优候选解的观测值。

$$|\varphi(x_i)|^2 = \frac{1}{\sqrt{2\pi}\sigma_i}\mathrm{e}^{-\frac{(x_i-\mu_i)^2}{2\sigma_i}} \quad (i = 1,2,\cdots,n) \tag{5-10}$$

式中，μ_i 为期望，用当前最优解表示；σ_i 为标准差，计算公式如(5-11)所示。

$$\sigma_i^2(|\psi\rangle) = \begin{cases} 1 - |\theta_i|^2 & (|\psi\rangle = |0\rangle) \\ |\theta_i|^2 & (|\psi\rangle = |1\rangle) \end{cases}$$
$$|\psi\rangle = \begin{cases} |0\rangle & (\theta_i > \vartheta_i) \\ |1\rangle & (\text{其他}) \end{cases} \tag{5-11}$$

因此最优解观测值计算方法如式(5-12)所示。

$$\tilde{x}_{\text{gbest}} = r \cdot |\varphi(x_i)|^2 \cdot (x_{i\max} - x_{i\min}) \tag{5-12}$$

式中，$x_{i\max}$，$x_{i\min}$为迭代过程中鸽子距离上次位置的最远距离和最近距离。因此改进后第 i 只鸽子的第 t 次速度更新公式如式(5-13)所示。

$$v_i(t) = v_i(t-1) \cdot \mathrm{e}^{-Rt} + D_{j,c} \tag{5-13}$$

5.3.4 改进地标搜索中鸽群淘汰机制

在地标搜索过程中，每次都会淘汰一半的鸽群，但是鸽群数量过少会影响种群多样性，寻优结果不能得到保证，因此用式(5-14)来改进鸽群数量淘汰机制。

$$N(t) = \text{rand} \cdot \left[\frac{N_{\max} - (t-1) \cdot (N_{\max} - N_{\min})}{T-1}\right] \tag{5-14}$$

式中，$N_{\max}$，$N_{\min}$为鸽群最大数量和最小数量。

5.3.5 算法性能测试

为了验证改进鸽群算法（IPGA）的有效性，选取 Ackely Function 和

Rastrigin Function 作为两个测试函数，并与原始鸽群算法和 PSO 算法进行比较。

Ackely Function 被广泛应用于测试算法，函数极小值及其取得极值条件为 $f(x^*)=0, x^*=(0,\cdots,0)$，并且在极值点附近有多个局部最小值，函数图像如图 5-4 所示，函数表达式如式(5-15)所示。

$$F_1(X)=-20\exp\left(-0.2\times\sqrt{\frac{1}{D}\sum_{i=1}^{D}x_i^2}\right)-\exp\left(\frac{1}{D}\cdot\sqrt{\sum_{i=1}^{D}2\pi x_i}\right)+20+e \tag{5-15}$$

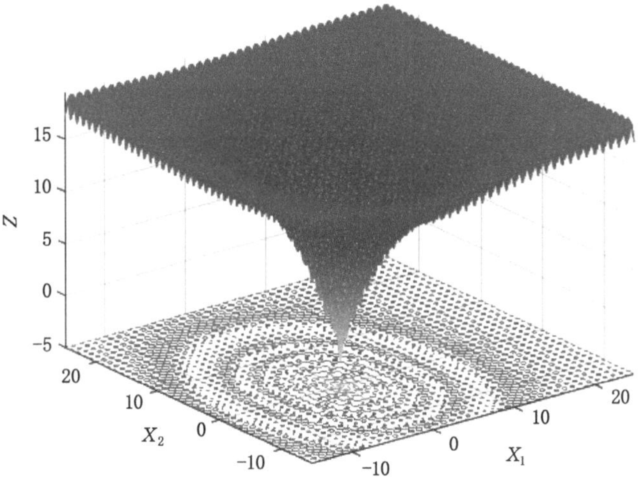

图 5-4 Ackely Function 函数图像

Rastrigin Function 同样被广泛应用于函数测试，该函数在定义域内分布着大量的局部极小值，其中全局最小值及其取得条件为 $f(x^*)=0$，$x^*=(0,\cdots,0)$，函数图像如图 5-5 所示，函数表达式如式(5-16)所示。

$$F_2(X)=-10D+\sum_{i=1}^{D}[x_i^2-10\cos(2\pi x_i)] \tag{5-16}$$

应用 MATLAB 分别对两个测试函数进行 50 次仿真实验，最大迭代次数为 300 次，仿真结果如图 5-6、图 5-7 所示。

从图 5-6 和图 5-7 可以看出，3 种算法均能随着迭代次数增加最后收敛，但是在 $F_1(x)$ 和 $F_2(x)$ 的优化中，IPGA 算法都表现出更强的收敛能力。对于 $F_1(x)$ 函数，IPGA 算法迭代大概 10 次时，开始在最优值附近波动，而原始 PGA 算法和 PSO 算法则分别需要 70 次和 130 次迭代才能收敛。对于 $F_2(x)$ 函数，

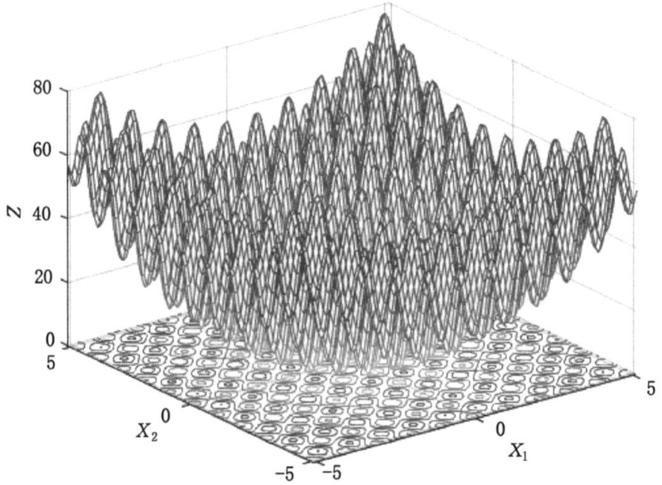

图 5-5 Rastrigin Function 函数图像

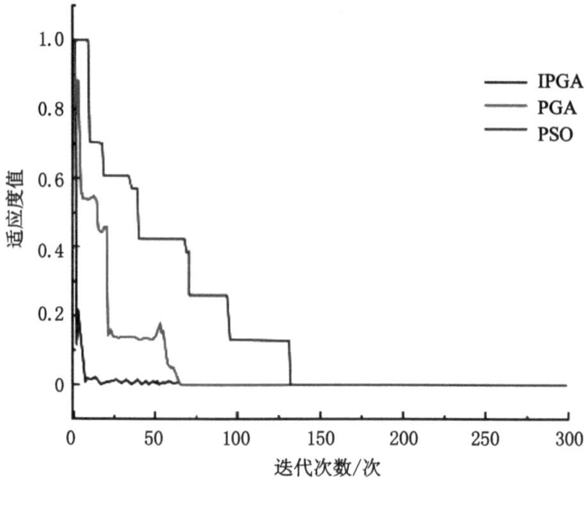

图 5-6 IPGA、PGA、PSO 对 $F_1(x)$优化结果

IPGA 算法在迭代到大概 7 次时，开始收敛在最优值附近波动，而原始 PGA 算法和 PSO 算法则需要 65 次和 140 次迭代才能最终收敛。由此可见，改进后的算法收敛速度和时间都比其他两种算法更加优秀，且不容易陷入局部最优。

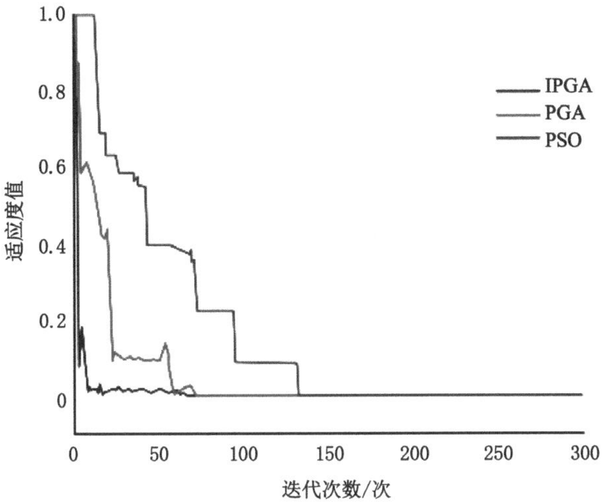

图 5-7　IPGA、PGA、PSO 对 $F_2(x)$优化结果

5.4　算例分析

矿井通风在煤矿安全生产中占有十分重要的位置，改善矿井通风条件，以及发生灾害时对风流进行调控，是节约能源和灾害防治的基础[117]。近年来，随着科学技术的不断发展，矿井开采由机械化到自动化最终向智能化转变的趋势越来越明显，矿井通风系统是其中最重要的保障系统之一，但是目前国内外绝大多数矿井通风系统调节仍然处于人工化阶段或半人工化阶段，依靠管理人员经验进行试探性调风，不但造成大量的人力和物力损失，而且调风效果也不理想，安全性不能得到保证。

目前主要针对智能通风整体结构开展研究，风量智能调节方面研究较少，而风量智能调节是矿井智能通风中最关键的一部分，为了解决目前人工调节成本高、安全性得不到保证的问题，研究一种智能风量调节方法成为发展趋势。

5.4.1　矿井风量智能调节系统建模

5.4.1.1　通风网络调节的数学描述

定义矿井通风网络为 $G=(V,E)$，其中 V 和 E 分别是网络图 G 中有 m 个节点和 n 个分支的集合，则 $|V|=\{v_1,v_2,\cdots,v_m\}$，$|E|=\{e_1,e_2,\cdots,e_n\}$，在通风

系统未调节之前，各个分支的原始风阻、风量、风压对应的集合分别为：$R_0=(r_1,r_2,\cdots,r_n)$，单位为 $N\cdot s^2/m^8$；$Q_0=(q_1,q_2,\cdots,q_n)$，单位为 m^3/s；$H_0=(h_1,h_2,\cdots,h_n)$，单位为 Pa。用 e_θ 表示风阻的调节位置，称为调节分支，其中 θ 表示调节分支对应的分支编号，则 $\theta\in(1,n)$；用 Δr_θ 表示调节分支的风阻调节量，单位为 $N\cdot s^2/m^8$，Δr_θ 的具体取值范围会在后续内容中进一步讨论。

定义调节后提供通风系统参数的点为观测点，各观测点对应参数表示为：风阻 $R'=(r_1,r_2,\cdots,r_\theta+\Delta r_\theta,\cdots,r_n)$、风量 $Q'=(q'_1,q'_2,\cdots,q'_n)$、风压 $H'=(h'_1,h'_2,\cdots,h'_n)$。本书首先考虑单分支调节，当单分支调节不能满足调节需求后再进行多分支调节。通风系统调节的最终目的是使调节后某分支的风量与预先设定值的误差最小，风机功耗最低，同时对其他巷道风量变化影响最小。

5.4.1.2 通风系统智能调节数学模型

根据上述分析，求解的变量为调节分支编号 θ 和对应的调节量 Δr_θ，可以表示为 $x=(x,\Delta r_x)$。为了实现位置与调节量一体化求解，本书将该问题转变为欧式距离求解问题[169-170]，即将调节前后分支的风量、风阻以及分支上对应于风机的功耗看作欧几里得空间中两两对应的点，然后求其距离，如式(5-17)所示。

$$\begin{aligned} d &= \sqrt{(q'_\theta-\tilde{q}_\theta)^2+\sum_{i=1}^{n}(\Delta Q_i)^2+\gamma\sum_{i=1}^{n}(\Delta h_{Fi}q_i)^2} \\ &= \sqrt{(q'_\theta-\tilde{q}_\theta)^2+\sum_{i=1}^{n}(q'_i-q_i)^2+\gamma\sum_{i=1}^{n}(h'_{Fi}q'_i-h_{Fi}q_i)^2} \end{aligned} \tag{5-17}$$

$$\gamma=\begin{cases}1 & (h'_{Fi}-h_{Fi}>0)\\ -1 & (h'_{Fi}-h_{Fi}<0)\end{cases} \tag{5-18}$$

式中，$i=1,2,\cdots,n$，且 $\theta\neq i$；$\tilde{q}_\theta$ 为 θ 分支预设的风量值；h_{Fi}、h'_{Fi} 分别为调节前后第 i 分支上所有主要通风机的风压之和。

如果求得的欧式距离越大，说明调节后的风量与预设的风量偏差大、风机功耗大、对其他巷道风量影响大，因此目标函数可以描述为调节风量与预设风量误差最小，调节后矿井通风功耗最低。在式(5-17)中各个特征量值大小相差很大，有可能小的分量在计算过程中容易被忽略，因此需对传统欧式距离进行改进[11]，即进行归一化和加权处理，最终的目标函数可以描述为式(5-19)。

$$F(x)=\min\left\{\alpha\sqrt{\left(\frac{q'_\theta-\tilde{q}_\theta}{\tilde{q}_\theta}\right)^2}+\beta\sqrt{\sum_{i=1}^{n}\left(\frac{q'_i-q_i}{q_i}\right)^2}+\delta\left[\gamma\sqrt{\sum_{i=1}^{n}\left(\frac{h'_{Fi}q'_i-h_{Fi}q_i}{h_{Fi}q_i}\right)^2}\right]\right\} \tag{5-19}$$

式中，α，β，δ 为调节参数，$\alpha+\beta+\delta=1$。

矿井通风系统优化调节前后都必须满足安全前提，因此该模型的约束条件同 3.1 节。

5.4.2 基于灵敏度的分支可调特性研究

由于矿井通风系统是一个复杂的系统，可调分支可能多达上百条。结合上述分析可知，当对所建模型进行求解时，矿井全部巷道（除不可调分支外）都有可能成为可行解，因此解空间将是一个维度非常高的集合。为了降低求解难度，减少求解时间，本书提出基于灵敏度的可调分支选择方法，并分析调节分支的可调量上下限。

5.4.2.1 基于灵敏度的最佳可调分支选择

通风系统灵敏度 d_{ij}[169]用来衡量第 j 分支的风阻 r_j 的变化对分支 i 风量影响的大小，其表达式如式(5-20)所示。

$$d_{ij}=\lim_{|\Delta r_j|\to 0}\frac{\Delta q_i}{\Delta r_j}=\frac{\partial q_i}{\partial r_j} \tag{5-20}$$

对于整个通风系统，其灵敏度矩阵可以表示为式(5-21)。

$$\boldsymbol{D}=\begin{bmatrix} d_{11} & d_{12} & \cdots & d_{1n} \\ d_{21} & d_{22} & \cdots & d_{2n} \\ \vdots & \vdots & & \vdots \\ d_{n1} & d_{n2} & \cdots & d_{nn} \end{bmatrix} \tag{5-21}$$

在矿井生产过程中，当某用风地点实际风量不能满足需求或者风速超限严重时，都需要通过调节阻力来达到风量增减的目的，根据实际情况可以采用增阻或降阻两种方式。由灵敏度矩阵的性质可知，当进行增阻调节时，调节分支要满足 $d_{\theta j}>0$，降阻时则需满足 $d_{\theta j}<0$。

为了进一步缩小可调分支的范围，以及确定其调节先后顺序，首先引入灵敏度衰减率概念。灵敏度衰减率表示通风系统灵敏度随风阻变化的情况，如式(5-22)所示。

$$Z_{ij}=\lim_{\Delta r_j}\frac{d(\Delta q_i)}{\Delta r_j}=\frac{\partial^2 q_i}{\partial^2 r_j} \tag{5-22}$$

在风阻调节过程中，为了降低对其他主要巷道的风量的影响，引入影响度值概念，如式(5-23)所示。

$$U_{ij}=\sum_{i=1}^{n} d_{ij} \tag{5-23}$$

在求解迭代过程中，应用式(5-24)对可调分支集合中的元素进行排序，优先选择靠前的分支进行调节。

$$\omega_i = \alpha Z_{ij} + \beta U_{ij} \tag{5-24}$$

5.4.2.2 风阻和风量调节范围分析

通过对大量通风系统数据进行模拟分析后，能够得到如下灵敏度与调节风阻之间的关系式，如式(5-25)所示。

$$d_{\theta j} = ar_j^b + c \tag{5-25}$$

式中，a、b、c 均为常数。

调节过程中，在各分支风量满足规定要求的条件下，调节分支的风阻 r_θ 逐渐增大后，$d_{\theta j}$ 逐渐减小，即风量变化也会逐渐减小，最终趋于平稳。根据参考文献[118]，该临界值可用式(5-26)设定。

$$\hat{r}_\theta = \pm \left[\frac{0.1ar^b + c - c}{a}\right] \tag{5-26}$$

式中，a、b、c 均为常数；$\hat{r}_\theta$ 为该分支风阻调节范围，正负号代表增阻或者减阻；r 为原始风阻。

联立式(5-24)、式(5-25)、式(5-26)，可得到风量调节范围，如式(5-27)所示。

$$\Delta q_\theta = \int_{-\hat{r}_\theta}^{\hat{r}_\theta} (ar_j^b + c)\mathrm{d}r_\theta \tag{5-27}$$

5.4.3 王家岭矿三维通风仿真系统介绍

中煤华晋集团有限公司王家岭矿通风方式为中央分列式，由主、副平硐和碟子沟进风斜井进风，碟子沟回风斜井回风。矿井采用机械抽出式通风，矿井总风量约为 18 561 m^3/min，目前两个工作面正在开采，两个备采工作面，年产600 万 t。

首先对采集的数据进行整理，建立三维通风仿真系统，如图 5-8 所示。其中每条巷道的编号以及风阻、模拟风量等在软件右侧属性栏可以查看和修改。据统计，王家岭矿共有 286 条巷道，全矿共 39 个风门，防火栅栏门和救灾风门共11 个。

5.4.4 改进鸽群算法在矿井通风系统风量调节中的实现

将改进的鸽群算法应用于提出的通风系统风量智能调节模型的求解过程，鸽群中每一只鸽子所在的位置代表所求问题的一个可行解 $x=(x,\Delta r_x)$，即调节巷道的编号以及风阻量。将式(5-3)看作鸽子的适应度，将地图罗盘寻优时鸽群的最佳位置看作接近的调节巷道编号和调节风阻量，在地标算子精度寻优

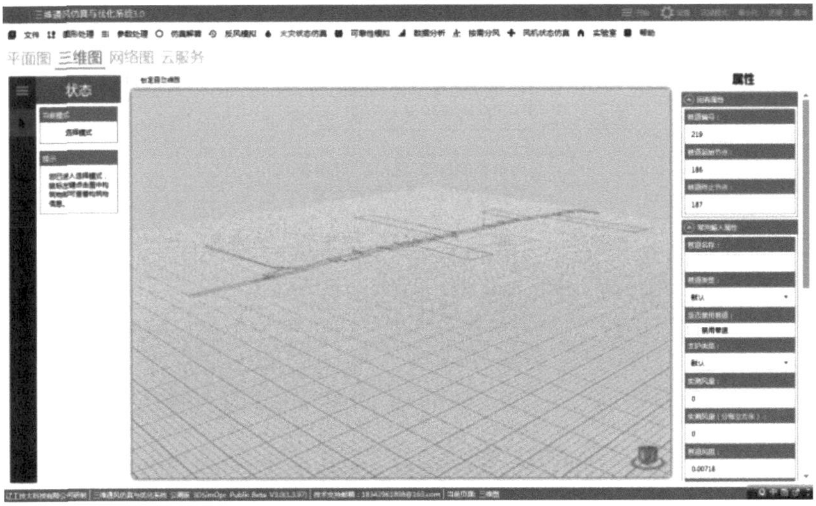

图 5-8 王家岭矿通风系统三维图

时找到的鸽群最优位置看作最终的调节巷道编号和风阻量。改进鸽群算法初始参数设置见表 5-1。

表 5-1 改进鸽群算法初始参数

迭代次数 T1max/次	300
迭代次数 T2max/次	50
鸽群最大数量 Nmax/只	100
鸽群最小数量 Nmin/只	10
罗盘算子 R	0.2

改进鸽群算法在矿井风量智能调节中的应用流程如图 5-9 所示。

5.4.5 矿井通风系统智能风量调控模拟验证

将模型输出的结果 $x=(x,\Delta r_x)$，即调节巷道编号以及调节量，输入到王家岭矿三维通风仿真系统中并进行解算，查看解算后的风量与预设的值的误差大小，从而验证所提方法的有效性。

在王家岭矿三维通风仿真系统中选择 5 条巷道作为调节风量的巷道，5 条巷道类型包括进风、回风、变电所、绕道、联巷，调节方式包括增风和减风，巷道参数及预设风量见表 5-2。

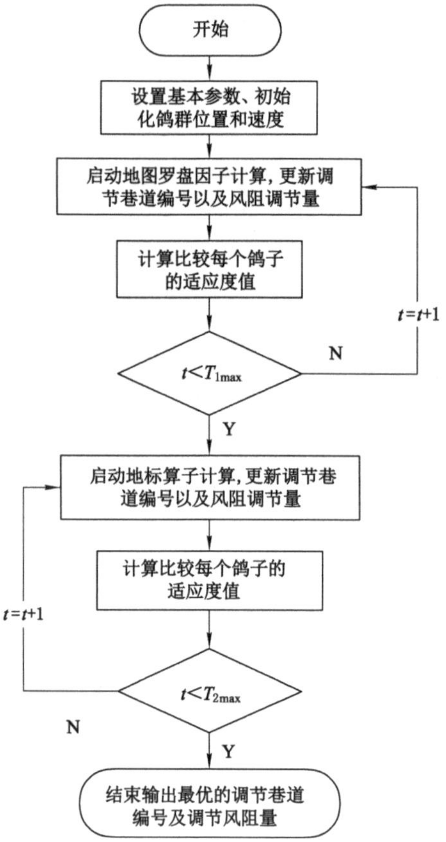

图 5-9　改进鸽群算法在矿井风量智能调节中的应用流程

表 5-2　调节巷道参数及预设风量

巷道名称	巷道编号	原始风量/(m^3/min)	预设风量/(m^3/min)
12302 胶带巷道	281	1 996	1 430
12313 回风巷道	284	1 934	1 520
121 盘区变电所	193	340	300
12304 胶带巷道辅运绕道	37	961	1 215
9 号联巷	49	463	200

对每条巷道进行 30 次求解，然后将 30 次的求解结果在三维通风仿真系统中进行模拟，对比书中所提方法在三维通风系统中得到的模拟风量与预设风量的误差，其模拟结果如图 5-10 所示，误差分析如图 5-11 所示。

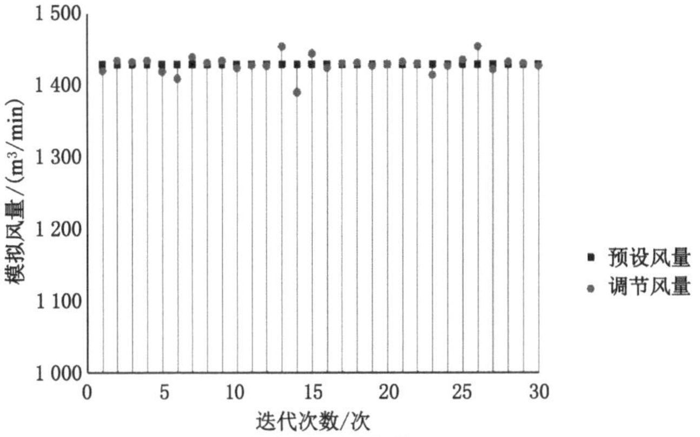

(a) 12302胶带巷道优化结果

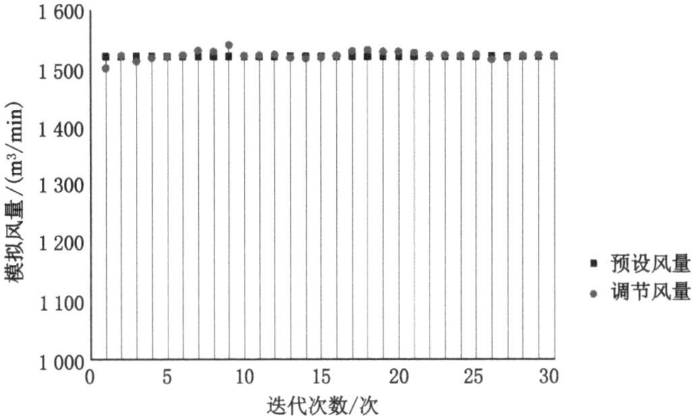

(b) 12313回风巷道优化结果

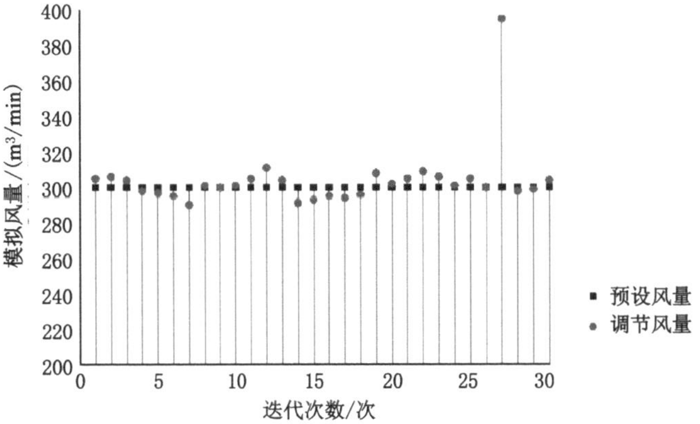

(c) 121盘区变电所优化结果

图 5-10　巷道优化结果对比图

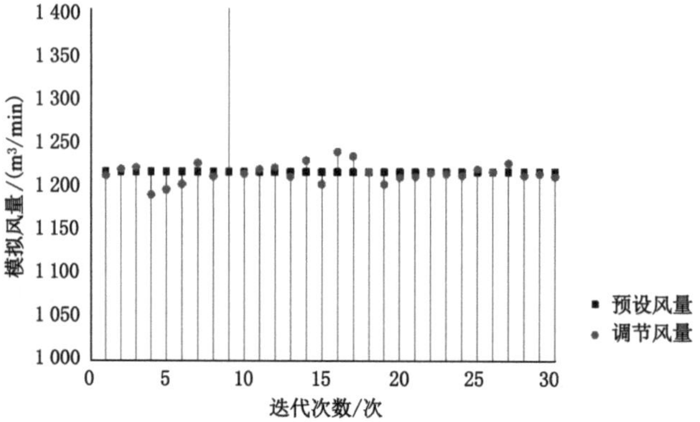

（d） 112304胶带巷道辅运绕道优化结果

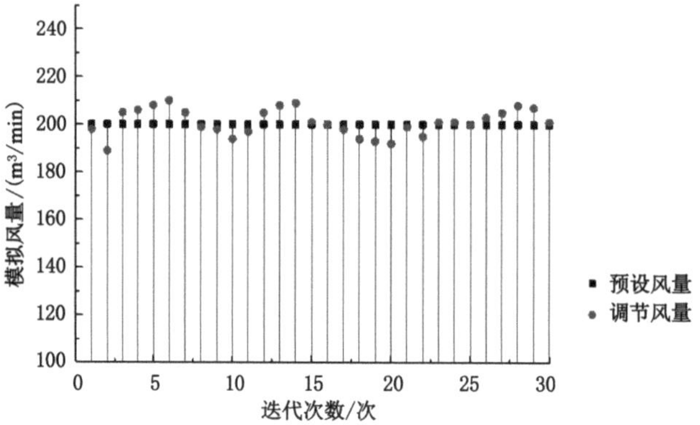

（e） 9号联巷优化结果

图 5-10 （续）

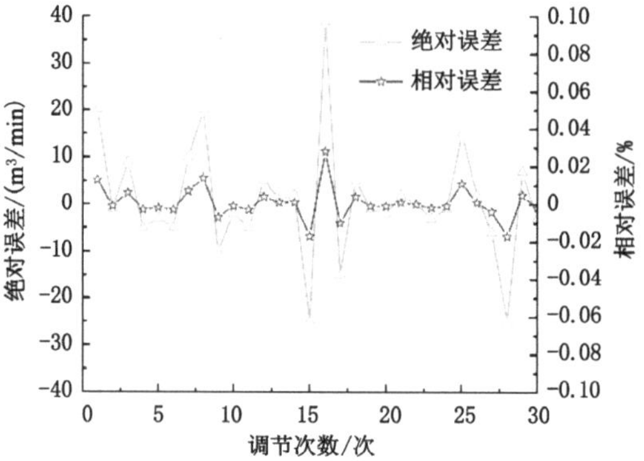

（a） 12302胶带巷道优化结果

图 5-11 巷道优化结果对比图

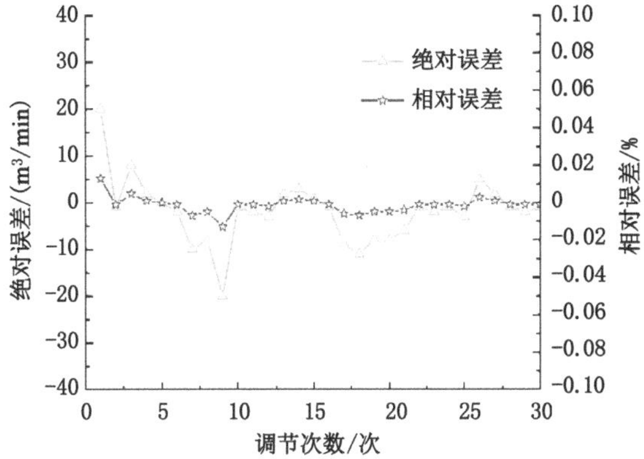

（b） 12313回风巷道优化结果

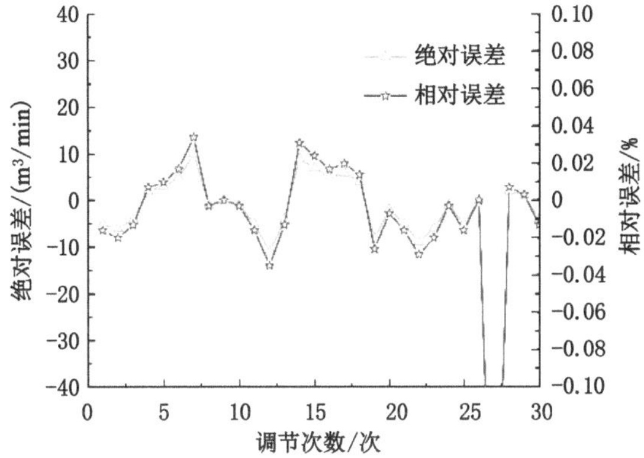

（c） 121盘区变电所优化结果

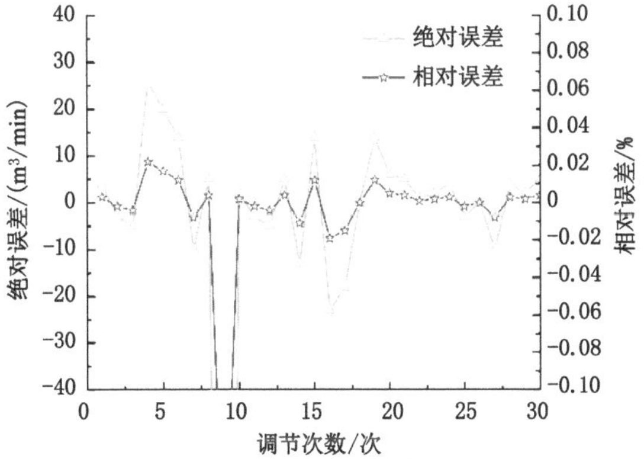

（d） 112304胶带巷道辅运绕道优化结果

图 5-11 （续）

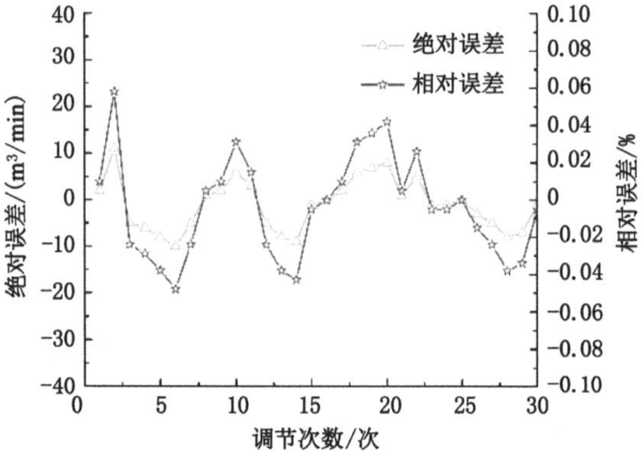

(e) 9号联巷优化结果

图 5-11 （续）

可以看出，在每条巷道的 30 次调节过程中，调节后的风量与预设风量的误差都很小，在总计 150 次的调节过程中，只有 2 次风量严重超限，准确率达 98.6%，从而证明了提出智能调节方法的稳定性和准确性。将上述调节结果应用于王家岭矿实际工程，现场实际结果与在三维通风仿真与优化系统中的模拟结果基本一致，从而避免了人工经验调节造成的资源浪费情况，使风量调节效率大幅度增大。因此本书提出的智能风量调节方法能够有效对矿井中不同类型巷道风量进行调节。

5.5 本章小结

为了解决复杂系统智能调控问题，将智能优化算法引入该领域，对传统鸽群算法进行改进：首先，引入一种基于切比雪夫滤波器对罗盘算子进行非线性变化改进；其次，引入一种实数编码的量子表示方法改进算法的收敛方向；最后，对鸽群淘汰机制进行改进，并采用测试函数对改进算法进行验证，结果表明改进算法性能更优秀。为了验证实际应用效果，建立矿井通风系统智能调节数学模型，为了能够实现一体化求解，将其转换为最小欧氏距离的求解问题。基于灵敏度分析了分支的可调特性，对可行解进行降维，从而加快收敛速度。将改进鸽群算法应用到王家岭矿通风系统风量调节中进行仿真模拟验证，结果显示在 5 种不同类型巷道的 150 次增风和减风调节中，只有 2 次调节不能达到要求，从而证明所提方法的有效性和稳定性，该方法为今后的复杂系统智能调控提供理论基础。

6 基于对立学习机改进均衡优化器算法的复杂系统最优控制方法研究

6.1 引言

为了解决复杂系统的最优控制问题,书中提出一种基于对立学习机改进的均衡优化器算法,引入混沌映射对种群初始化进行改进,从而增强粒子的多样性。此外,将对立学习机引入算法寻优过程,从而加快算法收敛速度,并能够有效避免算法陷入局部最优[167-169]。为了验证算法的有效性,采用 6 种不同算法对 13 个测试函数进行求解,结果表明,改进算法能够快速得到最优解,算法性能明显优于其他算法。为了验证其在复杂系统最优控制领域的实际应用能力,以中煤华晋集团有限公司王家岭矿通风系统为研究对象,建立矿井主要通风机不停风切换系统的数学模型,并对井下分支的可调性进行探究;然后将改进算法应用于矿井主要通风机不停机切换系统。工程应用结果表明,该算法能够有效降低井下风量波动,且能够保证风机在切换过程中处于稳定工作状态。

6.2 基于混沌映射-对立学习机的平衡优化器算法(OB-C-EO)

6.2.1 混沌映射

在种群迭代优化算法中,初始种群的大小和范围对解的质量和收敛速度有显著影响。由于搜索开始时最优解的位置和浓度是未知的,如果初始种群的个体能够均匀分布在搜索空间中,将有效提高搜索效率。为了获得更好的初始值,使用混沌映射算法初始化种群。

逻辑映射是一种数学形式的直接混沌映射,该系统具有极其复杂的动力学特性,具有广泛的应用。其数学表达式如式(6-1)所示。

$$x_i^{k+1} = \left| 1 - 2\,(x_i^k)^2 \right| \tag{6-1}$$

式中，$x_i^k \in [0,1]$为混沌序列，其中 $k=1,2,\cdots,L$，L 为原始种群维度，$i=1,2,\cdots,N$，N 为种群初始数量。对 x_i^k 执行映射操作以获得解空间的初始总体 y_i^k，按式(6-2)计算。

$$y_i^k = L_i + (U_i - L_i)x_i^k \tag{6-2}$$

式中，L_i，U_i 为边界值的下上限。

6.2.2 基于折射原理的反向学习机制

大多数智能优化算法通常收敛速度慢，需要多次迭代才能获得最佳解，以防止算法过早陷入局部最优，加快收敛速度。在搜索过程中，不仅要考虑通常的解，还要考虑相反的解。

因此，本书在算法中引入基于折射原理的反向学习机制[170]。在搜索空间中寻找相对点的过程描述如下：使用光折射原理进行计算，以某一维度变量 x_i 为例。搜索间隔范围为$[l_i, u_i]$，基点位置设置为$(l_i+u_i)/2$，如图 6-1 所示，位于 x 的物体的高度为 H，该位置的图像在被透镜折射后的高度为 H'。根据透镜成像的物理原理，可以得到以下方程。

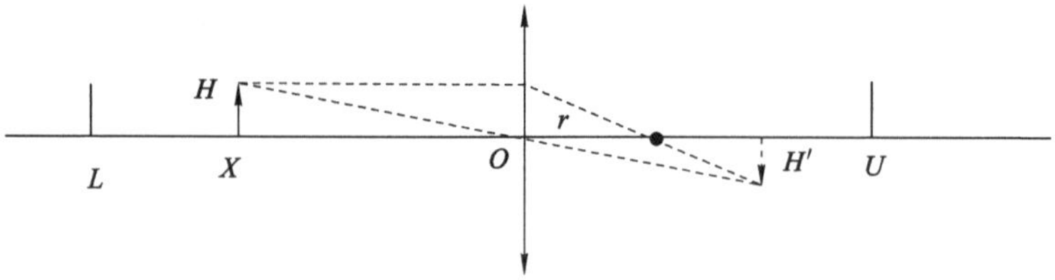

图 6-1 透镜成像示意图

$$\frac{\dfrac{(l_i + u_i)}{2} - x}{x' - \dfrac{(l_i + u_i)}{2}} = \frac{H}{H'} \tag{6-3}$$

$$\frac{r}{x' - \dfrac{(l_i + u_i)}{2} - r} = \frac{H}{H'} \tag{6-4}$$

式中，r 为折射过程中的焦距。

在相反的学习机制中，$\dfrac{H}{H'}$表示反向搜索半径和缩放因子的比值，表述为 ρ。将式(6-3)和式(6-4)结合起来，可以得到折射点 x'的计算公式。

$$x' = \frac{1 + \frac{1}{\rho}}{r} + \frac{l_i + u_i}{2} \tag{6-5}$$

式中，r 可以通过式(6-6)计算得到。

$$r = \frac{l_i + u_i - 2x}{2(\rho + 1)} \tag{6-6}$$

通过调整缩放因子和反向搜索半径，达到控制粒子搜索的距离和方向的目的。在平衡优化器算法的迭代过程中，随着迭代次数的增加，缩放因子逐渐减小到最小值。计算公式如式(6-7)所示。

$$\rho_i = \rho_{\max} - \frac{\rho_{\max} - \rho_{\min}}{T} i \tag{6-7}$$

式中，T 为最大迭代次数。

$$r_i = r_{\text{org}} \cdot \text{rand} \tag{6-8}$$

式中，r_{org} 为初始值，由式(6-6)计算得到；rand 为一个范围在[0,1]之间的随机数。

在引入基于折射原理的反向学习机之后，平衡优化器算法的更新方程如式(6-9)所示。

$$C_i(\text{Iter}) = \frac{2}{\rho_i \cdot [(l_i + u_i) - 2C_{\text{eq}}(\text{Iter})]} \tag{6-9}$$

OB-C-EO 算法伪代码见表 6-1。

表 6-1 OB-C-EO 算法伪代码

```
Initialize the particle's population        i=1,.......n
Re-initializeparticle's population using equation(36)
Assign equilibrium candidates' fitness a large number
Assign free parameters a1=2;a2=1,GP=0.5;
Select four solutions Ceq1、Ceq2、Ceq3、Ceq4
While Iter<Max_Iter
        For i=1:number of particles(n)
        Calculate fitness of i^th particle
            If fit(Ci)< fit(Ceq1)
                  Replace Ceq1 with Ci and fit(Ceq1) with fit(Ci)
            Elseif If fit(Ci)> fit(Ceq1) and fit(Ci)< fit(Ceq2)
                  Replace Ceq2 with Ci  and fit(Ceq2) with fit(Ci)
```

表 6-1(续)

```
        Elseif fit(C_i)> fit(C_eq1)and fit(C_i)> fit(C_eq2)and fit(C_i)< fit(C_eq3)
            Replace C_eq3 with C_i  and fit(C_eq3)with fit(C_i)
        Elseif fit(C_i)> fit(C_eq1)and fit(C_i)> fit(C_eq2)and fit(C_i)> fit(C_eq3)and fit(C_i)<
          fit(C_eq4)
          Replace C_eq4 with C_i  and fit(C_eq4)with fit(C_i)
        End(If)
      End(For)
    C_ave=(C_eq1+C_eq2+C_eq3+C_eq4)/4
    Construct the equilibrium pool C_eq_pool=(C_eq1、C_eq2、C_eq3、C_eq4、C_ave)
    Accomplishing memory saving(if Iter>1)
    Assign t=(1-(Iter/Max_Iter)).^(a2 * (Iter/Max_Iter))
      For i=1:number of paticles(n)
            Randomly choose one candidate from the equilibrium pool(vector)
            Generate random vector λ and r
            Construct F suing equation(29)
            Construct GCP
            Construct G0
            Construct G
            Position Update concentrations C
            Apply OBL mechanism in concentrations C using equation(43)
      End(For)
      Return best solution C
      Iter++
  End while
```

6.3 仿真实验分析

6.3.1 实验相关设置

实验环境为 Windows10,64 位操作系统,CPU 为内核间 i9-11950h,主频为 5.0 GHz,内存为 16 GB。算法程序基于 MATLAB2020b 编写。将与其他算法进行比较。表 6-2 记录了算法及其参数设置的全名和缩写。

表 6-2 算法参数设置表

算法	参数	值
PSO[171]	Topology Cognitive and social constants Inertial weight	Fully connected C1=2,C2=2 Linearly decreases from 0.9 to 0.4
WHO[172]	Crossover percentage Stallions percentage(number of groups) Crossover	PC=0.13 PS=0.2 Mean
SSA[173]	Lead position update probability	0.5
GA[174]	Type Selection Crossover Mutation	Real coded Roulette wheel Single point 0.8 0.3
EO[49]	a_1 a_2 GP	2 1 0.5
OB-C-EO	a_1 a_2 GP ρ	2 1 0.5 2

在 13 个基准函数上进行了仿真实验。表 6-3 显示了测试功能的详细信息。其中,函数 $F_1 \sim F_7$ 是单峰函数,并且只有 1 个全局最优子午线,用于评估算法的收敛速度。函数 $F_8 \sim F_{13}$ 是多模态测试函数,用于评估避免局部优化和探索的算法性能。

表 6-3 测试函数

函数	维度	范围	F_{min}
$F_1(x) = \sum_{i=1}^{n} x_i^2$	30	[−100,100]	0
$F_2(x) = \sum_{k=1}^{n} \lvert x_i \rvert + \prod_{k=1}^{n} \lvert x_i \rvert$	30	[−10,10]	0

表 6-3(续)

函数	维度	范围	$F_{\min}$
$F_3(x)=\sum_{i=1}^{n}(\sum_{j=1}^{i}x_j)^2$	30	[−100,100]	0
$F_4(x)=\max_j\{\mid x_i,1\leqslant i\leqslant n\}$	30	[−100,100]	0
$F_5=\sum_{i=1}^{n-1}[100\ (x_{i+1}-x_i^2)^2+(x_i-1)^2]$	30	[−30,30]	0
$F_6(x)=\sum_{i=1}^{n}([x_i+0.5])^2$	30	[−100,100]	0
$F_7(x)=\sum_{i=1}^{n}ix_i^4+\text{random}\ [0,1]$	30	[−1.28,1.28]	0
$F_8(x)=\sum_{i=1}^{n}-x_i\sin(\sqrt{\mid x_i\mid})$	30	[−500,500]	0
$F_9(x)=\sum_{i=1}^{n}[x_i^2-10\cos(2\pi x_i)+10]$	30	[−1.25,1.25]	0
$F_{10}(x)=-20\exp\left\{-0.2\sqrt{\frac{1}{n}\sum_{i=1}^{n}x_i^2}\right\}-\exp\left[\frac{1}{n}\sum_{i=1}^{n}\cos(2\pi x_1)\right]+20+e$	30	[−32,32]	0
$F_{11}(x)=\frac{1}{4\ 000}\sum_{i=1}^{n}x_1^2-\prod_{i=1}^{n}\cos\frac{x_1}{\sqrt{t}}+1$	30	[−600,600]	0
$F_{12}(x)=\frac{\pi}{n}\left\{10\sin(\pi y_1)+\sum_{i=1}^{n-1}(y_i-1)^2[1+10\sin^2(\pi y_{i+1})]+(y_n-1)^2\right\}+\sum_{i=1}^{n}u(x_i,10,100,4)$ $y_i=1+\frac{x_i+1}{4},u(x,a,k,m)=\begin{cases}k\ (x,-a)^m & (x_i>a)\\ 0 & (-a<x_i<a)\\ k\ (-x,-a)^m & (x_i<-a)\end{cases}$	30	[−50,50]	0
$F_{13}(x)=0.1\{\sin^2(3\pi x_1)+\sum_{i=1}^{n}(x_i-1)^2[1+\sin^2(3\pi x_i+1)]+(x_n-1)^2[1+\sin^2(2\pi x_n)]\}+\sum_{i=1}^{n}u(x_i,5,100,4)$	30	[−50,50]	0

6.3.2 实验结果分析

为了证明提出的 OB-C-EO 的有效性和鲁棒性，将 OB-C-EO 算法与 PSO、WHO、SSA、GA、EO 等算法进行了比较。同时，所有算法的个体总数为 30，最大迭代次数为 500 次，所有算法在 13 个基准函数上独立运行 50 次，以 50 次的平均值和标准差作为最终评价指标。表 6-4 为算法测试结果。其中 Ave 表示平均最佳适应值，Std 表示标准差，将最佳结果加粗。

表 6-4 算法测试结果

F		GA	PSO	WHO	SSA	EO	OB-C-EO
F_1	Avg	$3.148\,0\times10^{-7}$	$1.255\,0\times10^{-5}$	$7.896\,0\times10^{-1}$	$2.256\,0\times10^{-13}$	$4.335\,6\times10^{-28}$	**1.5689×10^{-45}**
	Std	$2.161\,0\times10^{-7}$	$4.535\,0\times10^{-5}$	$1.225\,8\times10^{0}$	$1.250\,0\times10^{-16}$	$2.258\,0\times10^{-28}$	**$7.250\,0\times10^{-30}$**
F_2	Avg	$1.632\,5\times10^{0}$	$1.125\,0\times10^{-2}$	$1.538\,0\times10^{-2}$	$3.256\,0\times10^{-2}$	$7.769\,0\times10^{-16}$	**$6.250\,0\times10^{-23}$**
	Std	$1.250\,2\times10^{0}$	$4.586\,0\times10^{-2}$	$2.343\,0\times10^{-1}$	$8.976\,0\times10^{-1}$	$1.528\,0\times10^{-15}$	**$0.000\,0\times10^{0}$**
F_3	Avg	$7.159\,4\times10^{2}$	$6.525\,4\times10^{1}$	$5.611\,6\times10^{2}$	$5.965\,2\times10^{2}$	$2.235\,0\times10^{-5}$	**$1.550\,0\times10^{-17}$**
	Std	$1.389\,2\times10^{4}$	$8.812\,5\times10^{1}$	$2.015\,7\times10^{2}$	$2.389\,3\times10^{2}$	$4.589\,0\times10^{-4}$	**$8.890\,0\times10^{-12}$**
F_4	Avg	$1.265\,1\times10^{1}$	$3.125\,0\times10^{0}$	$1.580\,0\times10^{-1}$	$5.002\,6\times10^{0}$	$3.658\,0\times10^{-6}$	**$7.680\,0\times10^{-14}$**
	Std	$3.278\,2\times10^{0}$	$1.254\,0\times10^{-1}$	$6.897\,0\times10^{-1}$	$5.638\,0\times10^{-1}$	$1.157\,0\times10^{-5}$	**$7.865\,0\times10^{-11}$**
F_5	Avg	$2.500\,6\times10^{1}$	$1.012\,2\times10^{2}$	$5.881\,3\times10^{2}$	$1.235\,6\times10^{2}$	**$1.812\,3\times10^{1}$**	$2.225\,7\times10^{1}$
	Std	$5.032\,4\times10^{1}$	$6.528\,8\times10^{1}$	$2.281\,0\times10^{2}$	$2.251\,9\times10^{2}$	$7.356\,0\times10^{-1}$	$1.003\,6\times10^{1}$
F_6	Avg	$2.380\,0\times10^{-5}$	$1.258\,9\times10^{-5}$	$4.211\,0\times10^{-1}$	**$2.225\,0\times10^{-14}$**	$8.849\,0\times10^{-1}$	$7.825\,0\times10^{-1}$
	Std	$3.256\,0\times10^{-5}$	$3.359\,1\times10^{-5}$	$1.607\,1\times10^{0}$	$7.878\,0\times10^{-16}$	**$7.752\,0\times10^{-1}$**	$4.385\,0\times10^{-7}$
F_7	Avg	$2.243\,0\times10^{-1}$	$2.724\,0\times10^{-2}$	$3.223\,0\times10^{-2}$	$8.531\,2\times10^{-2}$	**$5.638\,0\times10^{-3}$**	$1.225\,0\times10^{-2}$
	Std	$1.453\,0\times10^{-1}$	$8.040\,0\times10^{-3}$	$1.594\,0\times10^{-2}$	$2.259\,0\times10^{-2}$	$8.125\,0\times10^{-2}$	**$3.850\,0\times10^{-3}$**
F_8	Avg	$-5.215\,1\times10^{3}$	$-5.035\,8\times10^{3}$	**$-1.542\,8\times10^{4}$**	$-1.753\,6\times10^{3}$	$-5.576\,3\times10^{3}$	$-9.889\,3\times10^{3}$
	Std	$7.622\,6\times10^{2}$	$7.561\,3\times10^{2}$	$2.141\,1\times10^{2}$	$3.560\,0\times10^{2}$	$8.895\,3\times10^{2}$	$5.682\,3\times10^{2}$
F_9	Avg	$5.620\,2\times10^{1}$	$4.235\,2\times10^{1}$	$2.011\,9\times10^{1}$	$2.785\,6\times10^{0}$	$5.678\,0\times10^{-1}$	**$7.007\,1\times10^{-54}$**
	Std	$5.002\,3\times10^{1}$	$6.726\,1\times10^{0}$	$6.572\,3\times10^{0}$	$5.553\,4\times10^{0}$	$4.839\,0\times10^{-1}$	**$5.689\,0\times10^{-43}$**
F_{10}	Avg	$1.452\,1\times10^{0}$	$5.021\,0\times10^{-3}$	$2.005\,6\times10^{0}$	$1.235\,0\times10^{-2}$	$5.686\,0\times10^{-12}$	**$2.225\,6\times10^{-13}$**
	Std	$2.253\,0\times10^{-2}$	$5.257\,0\times10^{-2}$	$3.369\,0\times10^{-1}$	$7.845\,0\times10^{-1}$	$2.240\,0\times10^{-13}$	**$3.695\,4\times10^{-13}$**
F_{11}	Avg	$5.510\,0\times10^{-4}$	$5.688\,0\times10^{-2}$	$4.879\,0\times10^{-1}$	$2.210\,3\times10^{1}$	$4.480\,0\times10^{-3}$	**$7.970\,0\times10^{-7}$**
	Std	$4.583\,0\times10^{-3}$	$3.560\,0\times10^{-2}$	$1.389\,0\times10^{-1}$	$2.023\,9\times10^{0}$	$6.650\,0\times10^{-3}$	**$7.690\,0\times10^{-7}$**

表 6-4(续)

F		GA	PSO	WHO	SSA	EO	OB-C-EO
F_{12}	Avg	$6.873\,5\times10^{0}$	$4.528\,0\times10^{-2}$	$1.256\,0\times10^{-1}$	$8.998\,0\times10^{-1}$	$5.343\,0\times10^{-2}$	**$0.000\,0\times10^{0}$**
	Std	$3.425\,8\times10^{0}$	$5.548\,0\times10^{-2}$	$5.610\,0\times10^{-2}$	$2.837\,0\times10^{-1}$	$2.073\,0\times10^{-2}$	**$0.000\,0\times10^{0}$**
F_{13}	Avg	$1.212\,6\times10^{1}$	$6.120\,0\times10^{-3}$	$4.435\,0\times10^{-1}$	$2.802\,1\times10^{0}$	$1.238\,0\times10^{-1}$	**$2.213\,0\times10^{-3}$**
	Std	$2.114\,5\times10^{1}$	$2.500\,0\times10^{-3}$	$5.598\,0\times10^{-1}$	$6.253\,6\times10^{0}$	$1.270\,0\times10^{-4}$	**$6.598\,0\times10^{-7}$**

从表 6-4 可以看出,无论是在单峰函数还是多峰函数中,提出的改进平衡优化器算法的性能都优于其他算法,这是因为初始粒子通过混沌映射进行优化,并引入反向学习机制,可以增强粒子逃离局部最优的能力,以增强算法的搜索能力。

6.3.3 收敛性分析

图 6-2 示出了 OB-C-EO 和表 6-3 中的比较算法在不同函数下的收敛性评估结果。为了便于观察,坐标值是以 10 为底的对数。从图中可以看出,在开发阶段,提出的改进平衡优化算法的收敛速度比其他算法的更快。其搜索精度优于其他算法。这个结果与引入的改进战略密不可分。结合表 6-4 可以知道,所提出的改进均衡优化器算法在单峰函数和多峰函数中能快速收敛和具有高优化精度。

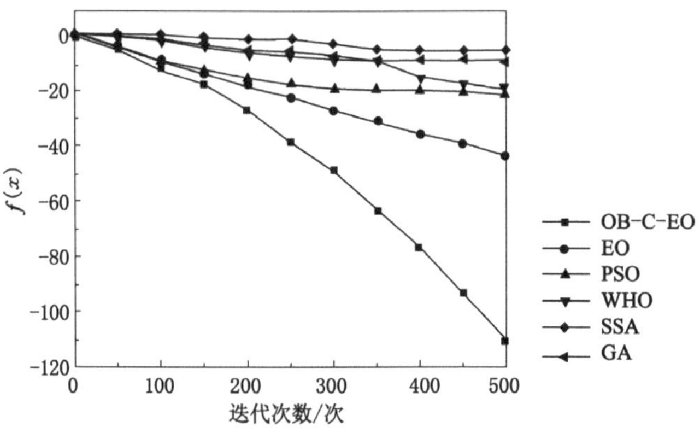

(a) F_1

图 6-2 收敛曲线

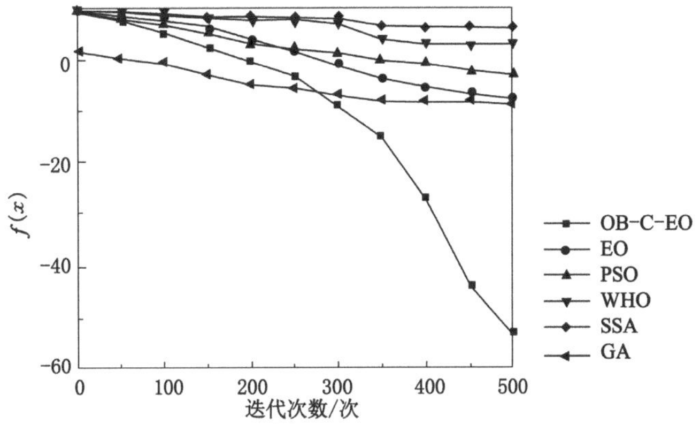

（b）F_3

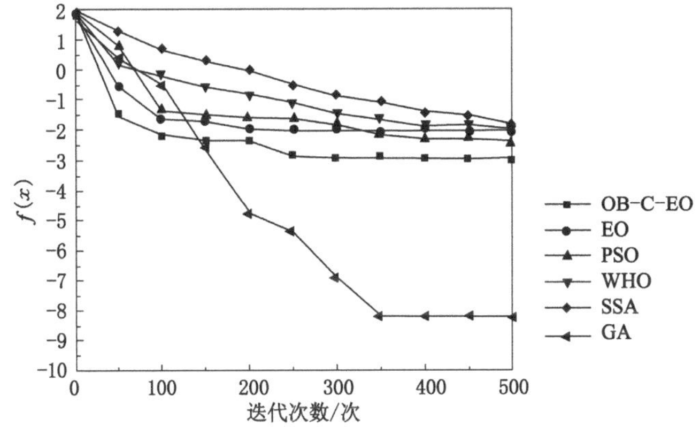

（c）F_5

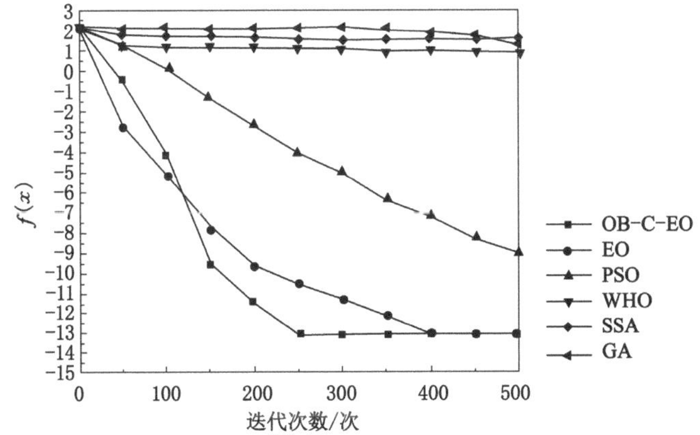

（d）F_9

图 6-2 （续）

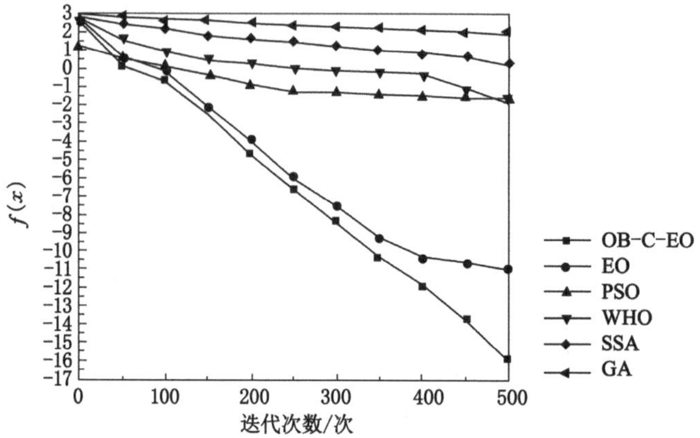

(e) F_{11}

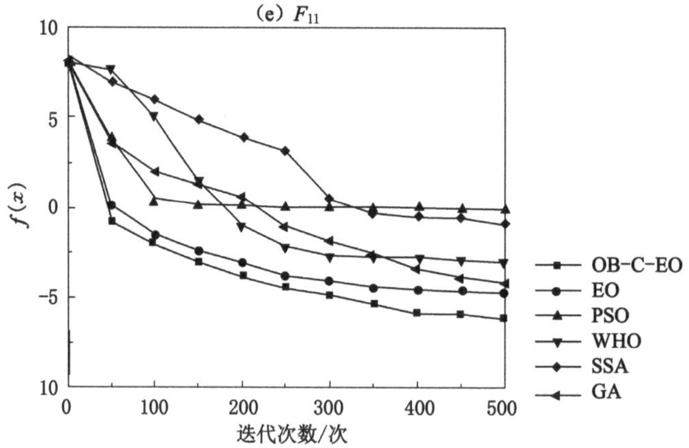

(f) F_{12}

图 6-2 （续）

6.4 工程应用分析

矿井通风系统的基本功能是为地下工人和设备提供新鲜空气，并稀释甲烷等有害气体。为了保证井下作业人员的安全，必须为井下作业人员持续提供新鲜空气。根据相关规定，每个回风竖井需要安装两套相同容量的通风装置，其中一套备用，主风机每月检查一次。因此，两个主风扇需要每月轮换一次。在我国大多数煤矿作业中，运行风机首先关闭，然后将备用风机连接到通风系统。在矿井主风机切换期间，高瓦斯浓度矿井容易发生瓦斯积聚。如果备用风机发生故障，将对地下矿山造成极大危险，甚至造成严重事故[175-176]。因此，本章提出了一种智能控制系统，以控制两台风机的运行条件和风门的开度，从而实现主风机不停切换，最大限度降低地下风量波动和能耗[177-178]。

6.4.1 矿井主要通风机切换系统描述

图 6-3 为矿井主风机切换系统结构示意图。它包括两个主风扇，其中一个备用。每个风扇都有一个水平风门和一个垂直风门。当前工作风机为 2# 主风机。当发出切换命令时，1# 风扇首先开始预热。然后通过控制 4 个风门，1# 水平风门和 2# 垂直风门逐渐关闭。1# 垂直风门和 2# 水平风门同时逐渐打开，以确保地下空气量恒定。

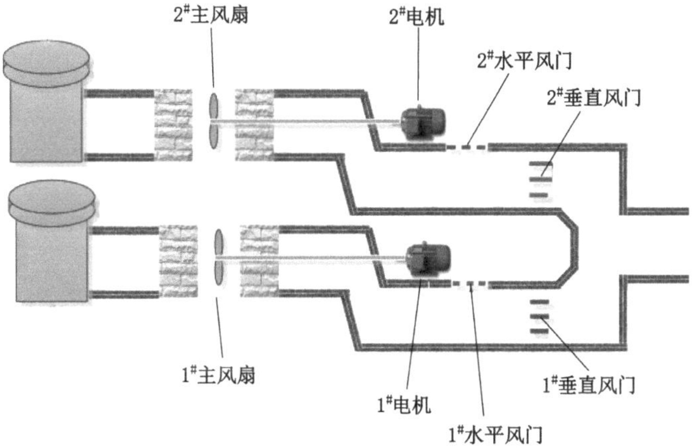

图 6-3　矿井主风机切换系统结构示意图

为了更好地调节风门的角度，本书选择了全自动旋转叶片风门，其结构示意图如图 6-4 所示。控制器可以接受来自遥控器的指令并将指令传送到步进电机。它可以更精确地控制 4 个风门的打开和关闭角度，以精确控制风量。

图 6-5 为基于智能控制的矿井主风机不停机切换系统示意图。当切换系统开始运行时，优化角度控制指令通过控制中心传输到 PLC 控制柜，控制两个主风机电机的启动和停止以及 4 个风门叶片的打开角度和关闭角度。然后，传感器将收集风门叶片的实时角度、风量和压力。此外，这些信号通过电缆发送回控制中心机柜。控制中心机柜将信号传输至开关系统，以进一步调整节气门叶片角度。

6.4.2 矿井主要通风机切换系统建模

6.4.2.1 矿井主风机切换系统等效模型的建立

为了便于建立数学模型，图 6-5 所示结构图简化为图 6-6 所示等效模型，共

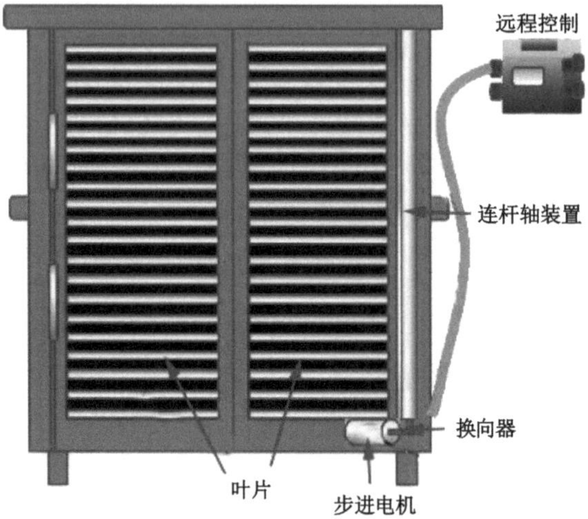

图 6-4 旋转叶片式遥控风门

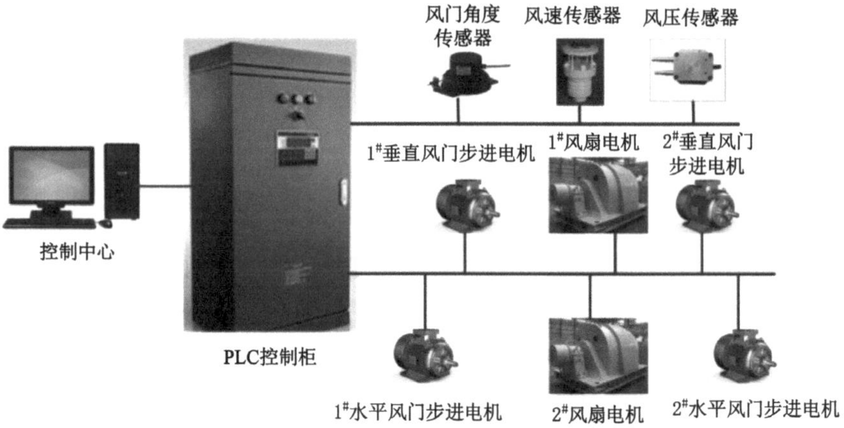

图 6-5 基于智能控制的矿井主风机不停机切换系统示意图

有 8 个节点、7 个分支和 3 个虚拟分支，其中 M1 和 M2 分别表示 2 个主风机分支。R_0 是地下矿井的等效通风阻力(单位：$N \cdot s^2/m^8$)。R_{1s}和 R_{1c}分别为 1# 风机水平风门、1# 风机垂直风门的等效通风阻力(单位：$N \cdot s^2/m^8$)。R_{2s}和 R_{2c}分别为 2# 风机水平风门、2# 风机垂直风门的等效通风阻力(单位：$N \cdot s^2/m^8$)。为了方便地研究风机切换系统的特性，近似认为 R_0 不变且巷道中的空气不可压缩。节点 1 表示进气轴，节点 5 和节点 6 表示 2 个水平风门的外侧，节点 7 和节点 8 表示 2 个主风扇的排气通道。

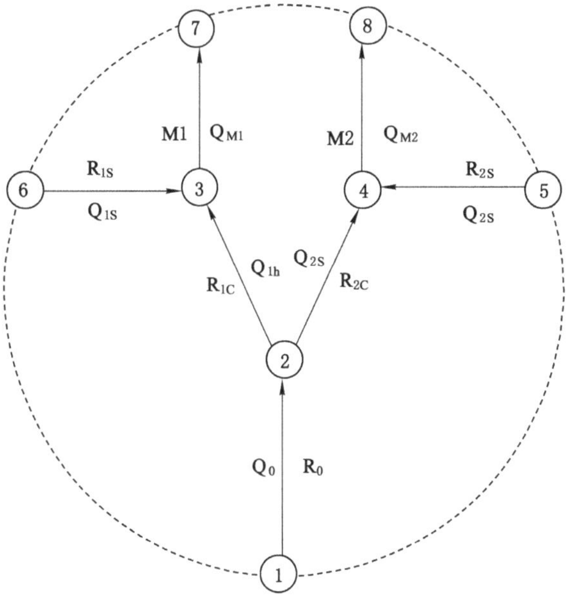

图 6-6 风机切换系统等效模型

6.4.2.2 旋转叶片风门的特性

为了减小矿井主风机切换过程中井下风量的变化，本系统选用旋转叶片风门。因此，首先研究了旋转叶片风门角度与通风阻力之间的关系。旋转叶片风门的通风阻力与叶片风门角度呈非线性关系。当叶片风门角度为 0°时，通风阻力约为 0，旋转叶片风门完全打开。当角度为 90°时，通风阻力接近无穷大，此时旋转叶片风门完全关闭。根据文献[179-180]的结论，可以获得旋转叶片风门的通风阻力系数 τ 和叶片角度 θ 的近似数据。表 6-5 为相应的通风阻力系数表。

表 6-5 旋转叶片风门的通风阻力系数和叶片角度数据对应表

通风阻力系数 τ	0.15	0.27	0.42	0.69	1.5	2.7	4.2	9.6	34.8	120
叶片角度 θ/(°)	0	10	20	30	40	50	60	70	80	90

不同类型的旋转叶片风门的通风阻力可根据式(6-10)计算[181]。

$$R=\frac{L}{S}\tau=\left[\frac{Mw}{2}\cdot(w+h)\right]\tau \tag{6-10}$$

式中，R 为等效通风阻力，$N\cdot s^2/m^8$；L 为风门的总长度，m；S 为风门周长，m；

M 为旋转叶片风门中的叶片数；w 为叶片宽度，m；h 为叶片的高度，m。

图 6-7 为由数据获得的拟合曲线。使用 MATLAB 拟合五次多项式[182-183]的数据，并得到方程式(6-11)的表达式。

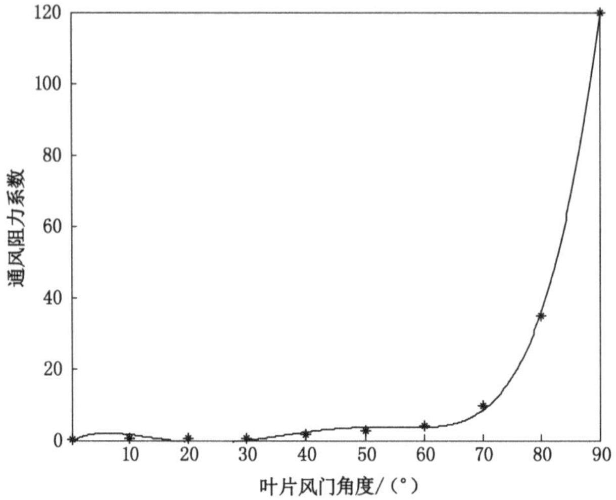

图 6-7　旋转叶片风门的通风阻力系数和叶片风门角度的关系曲线

$$\tau=\begin{cases}3.726\,6\times10^{-7}\theta^{5}-6.474\,7\times10^{-5}\theta^{4}+3.942\,9\times10^{-3}\theta^{3}-955\,996\,6\times10^{-2}\theta^{2}\\ \quad+0.781\,99\theta-0.154\,77 & (0^{\circ}<\theta<60^{\circ})\\ 1.948\times10^{10}\mathrm{e}^{-0.3902\theta}+0.001\,64\mathrm{e}^{0.124\,5\theta} & (60^{\circ}<\theta<90^{\circ})\end{cases}\tag{6-11}$$

因此，在切换期间，第 i 个风机在时间 t 的等效通风阻力可根据式(6-12)计算。

$$R_{it}=\frac{R_{ist}(R_0+R_{ict})}{R_0+R_{ist}+R_{ict}}\quad(i=1,2)\tag{6-12}$$

式中，R_{ist}，R_{ict} 为第 i 个风机的水平风门和垂直风门在时间 t 的等效通风阻力，可通过将风门角度传感器在时间 t 时传输的角度信息输入式(6-12)获得。

6.4.2.3　矿井主风机的特性

在矿井主风机切换系统建模时，主风机特性曲线数据非常重要。可结合特征风扇曲线和通风阻力特征曲线[183]来评估风扇的工作状态，以确保两个主风扇一直在相对安全和高效的状态下工作。需要进一步研究矿井风机的特性曲线。表 6-6 为中煤华晋集团有限公司王家岭矿试验报告中给出的性能参数。这些参数被转换为额定速度和标准通风状态(压力为 760 mmHg、温度为 0 ℃的干燥空气）。本书主要研究空气量和压力的特性，因此只给出空气量和空气压力。根据风机测试要求，收集的数据不少于 6 组。风机型号为 FBCDZ-8-NO.28，为轴流风机，在矿井中较为常见。

表 6-6　转换为额定速度和标准通风状态的性能参数

$Q/(m^3/s)$	69.72	74.23	76.55	79.37	81.25	84.29	86.77
总压力/Pa	2 882.30	2 901.45	2 874.01	2 811.53	2 757.62	2640.61	2 565.33

在实际工程中，通风涡轮机曲线拟合最常用的方法是二次多项式拟合的最小二乘法。然而，由于存在显著偏差[183]，因此使用 4 次多项式拟合主风机的特性曲线。图 6-8 显示了用四次多项式拟合表 6-6 中数据后的曲线。风机工作点在点 A 的左侧时容易出现喘振现象，当风机工作在点 A 的右侧时，状态稳定。离点 A 越近，效率越高。图中 R_t 线与风机特性曲线的交点 B 表示此时的风机运行点。

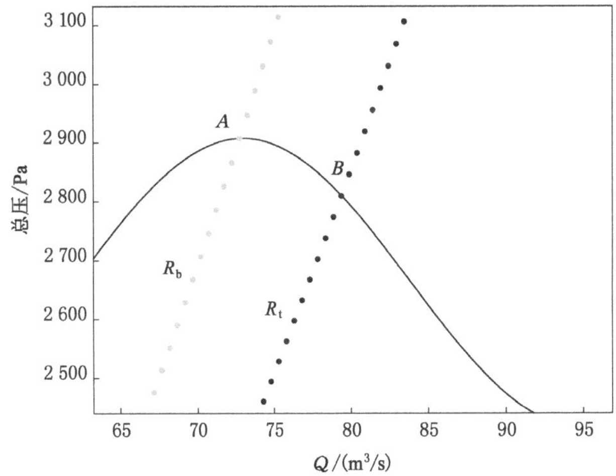

图 6-8　主风机风量-总压关系曲线

根据表 6-6 中的数据，使用 MATLAB 进行 4 次多项式拟合，以获得矿井风机风量与压力之间的关系式，如式(6-13)所示。

$$H = -0.000\,283\,7Q^4 + 0.202\,2Q^3 - 53.99Q^2 + 6\,060Q - 2.507 \times 10^5 \tag{6-13}$$

6.4.2.4 主风机切换系统的动态模型

本次建模以井下风量波动最小为目标函数，t 时刻井下风量波动可以表示为式(6-14)。

$$\begin{aligned}\Delta Q_t &= Q_0 - Q_{0t} \\ &= Q_0 - (Q_{1ht} + Q_{2ht}) \\ &= Q_0 - [(Q_{1st} - Q_{M1t}) + (Q_{2st} - Q_{M2t})]\end{aligned} \tag{6-14}$$

式中，Q_0 为倒机前井下风量，m^3/s；ΔQ_t、Q_{0t}、Q_{1ht}、Q_{1st}、Q_{2ht}、Q_{2st}、Q_{M1t}、Q_{M2t}分别为倒机进行到 t 时刻井下风量变化量、井下风量、1# 垂直风门风量、1# 水平风门风量、2# 垂直风门风量、2# 水平风门风量、1# 风机风量、2# 风机风量，m^3/s。

由于节点 1、5、6、7、8 均暴露在大气中，忽略进回风井位置等影响，认为这几个节点压力一致，即等于大气压力，因此可知 t 时刻通过水平风门的压力和风机压力相等。所以 Q_{1st}、Q_{2st} 可以用式(6-15)、式(6-16)表示。

$$Q_{1st} = \sqrt{H_{1t}/R_{1st}} \tag{6-15}$$

$$Q_{2st} = \sqrt{H_{2t}/R_{2st}} \tag{6-16}$$

式中，H_{1t}、H_{2t}为 t 时刻两台主要通风机的压力，即通过水平风门压力，Pa。

计算方法是将 t 时刻风机风量代入式(6-13)，如式(6-17)、式(6-18)所示。R_{1st}、R_{2st}表示 t 时刻水平风门的阻力，单位为 $N \cdot s^2/m^8$，将风门角度传感器传输回来的数据代入式(6-1)算得该值。

$$H_{1t} = -0.000\,284\,2Q_{M1t}^4 + 0.202\,5Q_{M1t}^3 - 53.15Q_{M1t}^2 + 6\,065Q_{M1t} - 2.509 \times 10^5 \tag{6-17}$$

$$H_{2t} = -0.000\,284\,2Q_{M2t}^4 + 0.202\,5Q_{M2t}^3 - 53.15Q_{M2t}^2 + 6\,065Q_{M2t} - 2.509 \times 10^5 \tag{6-18}$$

当倒机系统运行在 t 时刻，此时将水平风门、垂直风门、井下风阻共同看成一个等效系统，其等效风阻 R_{1t}、R_{2t}可由式(6-12)求得，如式(6-19)、式(6-20)所示。此时该系统满足式(6-21)、式(6-22)。

$$R_{1t} = \frac{R_{1st}(R_0 + R_{1ct})}{R_0 + R_{1st} + R_{1ct}} \tag{6-19}$$

$$R_{2t} = \frac{R_{2st}(R_0 + R_{2ct})}{R_0 + R_{2st} + R_{2ct}} \tag{6-20}$$

$$H_{1t} = R_{1t}Q_{M1t}^2 \tag{6-21}$$

$$H_{2t} = R_{2t}Q_{M2t}^2 \tag{6-22}$$

联立式(6-17)、式(6-19)、式(6-21)、式(6-18)、式(6-20)、式(6-22)，可以得到 Q_{M1t}、Q_{M2t}的表达式。

$$Q_{M1t} = (14.43 - 9.18 \times 10^{-41} i) R_{1t} \tag{6-23}$$

$$Q_{M2t} = (14.43 - 9.18 \times 10^{-41} i) R_{2t} \tag{6-24}$$

因此将式(6-10)、式(6-15)、式(6-16)、式(6-23)、式(6-24)代入式(6-14)，为了方便表达，令式(6-10)中除角度以外参数值为 ξ，如式(6-25)所示，最终得到式(6-26)，式中 θ_1、θ_3、θ_2、θ_4 分别表示 t 时刻 1[#] 风机水平风门、垂直风门的叶片角度及 2[#] 风机水平风门、垂直风门的叶片角度。

$$\xi = 2Mw(wh) \tag{6-25}$$

$$\begin{aligned} \Delta Q_t = Q_0 - \left(\sqrt{\frac{H_{1t}}{\theta_1 \xi}} + \sqrt{\frac{H_{2t}}{\theta_2 \xi}}\right) - \\ (14.43 - 9.18 \times 10^{-41} i) \frac{\theta_1 \xi (R_0 + \theta_3 \xi)}{\theta_1 \xi + R_0 + \theta_3 \xi} + \\ (14.43 - 9.18 \times 10^{-41} i) \frac{\theta_2 \xi (R_0 + \theta_4 \xi)}{\theta_2 \xi + R_0 + \theta_4 \xi} \end{aligned} \tag{6-26}$$

转化后的目标函数为式(6-27)。

$$\begin{aligned} \min W &= f(\theta_1, \theta_2, \theta_3, \theta_4) \\ &= \sum_{t=0}^{T} \Delta Q_t \\ &= \sum_{t=0}^{T} \left\{ Q_0 - \left[\sqrt{\frac{H_{1t}}{\theta_1 \xi}} + \sqrt{\frac{H_{2t}}{\theta_2 \xi}} - (14.43 - 9.18 \times 10^{-41} i) \frac{\theta_1 \xi (R_0 + \theta_3 \xi)}{\theta_1 \xi + R_0 + \theta_3 \xi} + \right.\right. \\ &\quad \left.\left. (14.43 - 9.18 \times 10^{-41} i) \frac{\theta_2 \xi (R_0 + \theta_4 \xi)}{\theta_2 \xi + R_0 + \theta_4 \xi} \right] \right\} \end{aligned} \tag{6-27}$$

为了保证倒机系统安全可靠运行，一般实际工作风压不能超过最高压的 90%；倒机时间不能超过 10 min。根据实际情况，我们知道 4 个风门调整角度范围为[0° －90°]。由于风门步进电机齿轮精度问题，每步调整角度要大于 0.1°。综上所述，约束条件可以表示为式(6-28)。

$$\begin{cases} R_{it} < R_A & (i = 1,2) \\ H_{it} < 0.9 H_{\max} & (i = 1,2) \\ \theta_j \in [0° - 90°] & (j = 1,2,3,4) \\ \Delta\theta > 0.1 \end{cases} \tag{6-28}$$

6.4.3 模拟设置

根据上述讨论，在主风机切换系统中，4 个风门百叶窗的每次调整都是非线性优化。因此，罚函数用于将式(6-18)转换为适应度函数，如式(6-29)所示。

$$\text{Fitness} = |f(\theta_1,\theta_2,\theta_3,\theta_4)| + o_1\sum_{i=1}^{2}(\ln R_{it}) + o_2\sum_{i=1}^{4}(\ln \theta_{it}) \tag{6-29}$$

式中，o_1，o_2 为惩罚函数系数。

根据式(6-29)建立的矿井主风机切换系统的约束优化模型，采用改进的均衡优化算法求解式(6-29)。在 MATLAB 中进行了仿真。表 6-7 为模拟参数设置。算法参数与第 6.3.1 节中的参数相同。

表 6-7　模拟参数设置

叶片数 M/个	8
叶片宽度 W/m	0.3 m
叶片高度 H/m	1.8 m
R_0/(N·s^2/m^8)	0.16
Q_0/(m^3/s)	74.3
θ_3/(°)	12

在模拟开始之前，运行 2# 风机，并调整角度 θ_3，使 2# 风机的状态接近 1# 风机的运行点。此时，2# 风机完全打开并正常运行。切换开始并逐渐调整 θ_1，θ_2，θ_3，θ_4，使这些角度从[90°，12°，0°，90°]变为[0°，9°，90°，0°]。当四扇风门的角度达到[90°，0°，0°，90°]时，1# 风机完全脱离网络，处于空载状态。1# 风机可以关闭，2# 风机可以保持工作风机。切换过程完成。流程图如图 6-9 所示。

6.4.4　仿真结果分析

系统运行时间为 120 s。图 6-10 显示了 4 个旋转叶片风门在切换过程中的角度变化。

图 6-11 显示了 4 个旋转叶片风门调整后的地下空气量变化率。地下空气量变化率可通过 ΔQ_t[由式(6-5)获得]除以 Q_0 获得，在调整过程中 Q_t 可能小于 Q_0，因此将出现负值。从该图可以看出，由于风门的等效通风阻力在调整开始时随着叶片旋转而显著变化，因此空气流量波动很大。随着系统运行，地下空气量波动逐渐稳定。在系统运行后期，风门的等效通风阻力发生显著变化，导致系统运行后半段的风量波动。大约 100 s 后，系统逐渐稳定。120 s 后，整个切换过程完成。从图 6-11 可以看出，在系统运行期间，地下空气量的变化率不超过 0.4%，这与参考文献[184]和[185]相比有很大改进，其中地下空气量变化率为 8.1%和 5%。

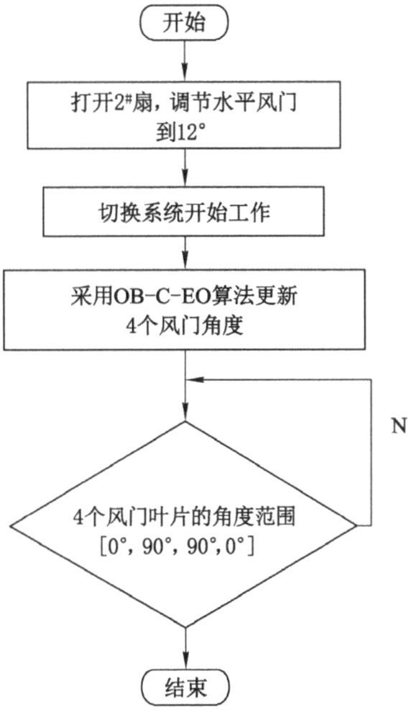

图 6-9 切换系统流程图

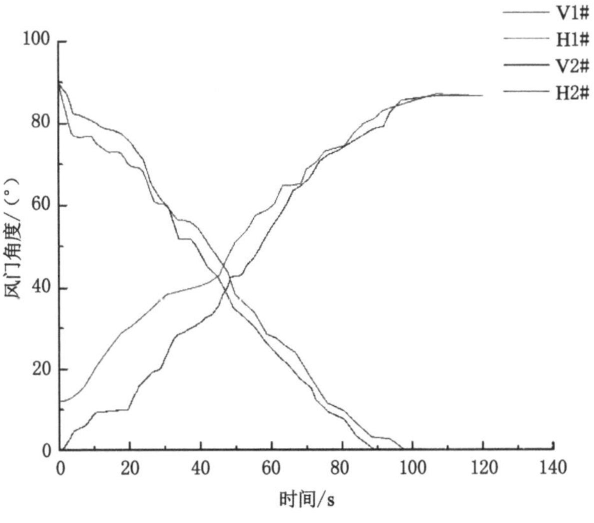

图 6-10 4 个风门角度变化图

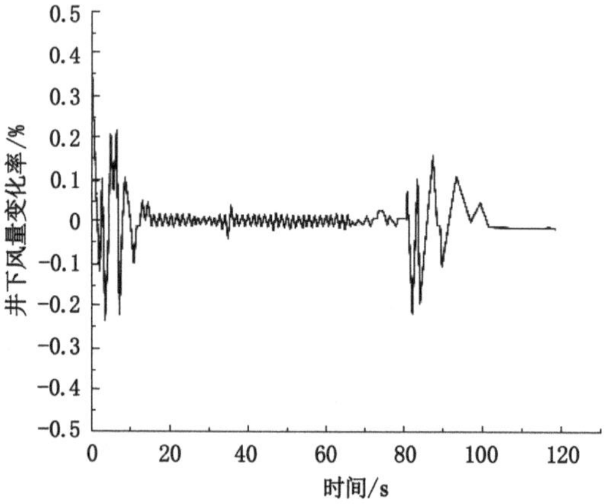

图 6-11　井下风量变化率

图 6-12 显示了切换操作期间两台主风机工作点的变化。从图中可以看出，两台风机都在稳定的工作区域内工作，调整过程中没有跳变，因此整个切换过程提供了安全可靠的矿井运行。

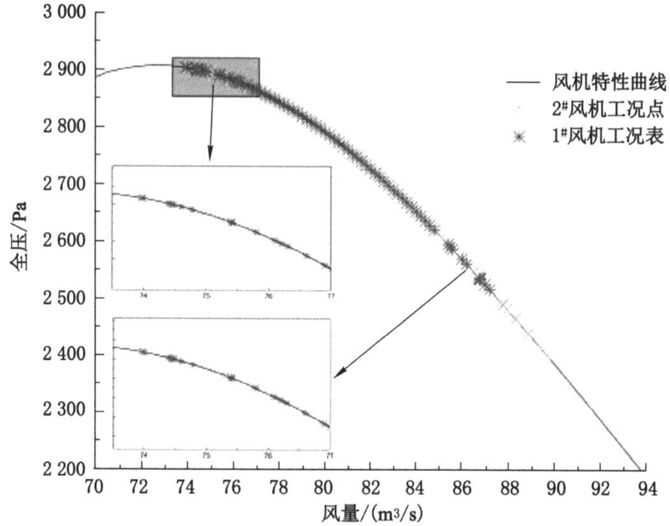

图 6-12　切换操作期间两台主风机工作点的变化

6.5 本章小结

针对复杂系统最优控制问题，提出一种改进均衡优化器算法，首先，引入混沌映射对种群初始化进行改进，从而增强粒子的多样性，此外将对立学习机引入算法寻优过程，从而加快算法收敛速度，并能够有效避免算法陷入局部最优。为了验证算法的有效性，采用6种不同算法对13个测试函数进行求解，结果表明，改进算法能够快速得到最优解，算法性能明显优于其他算法。为了验证该方法在复杂系统最优控制领域的实际应用能力，以中煤华晋集团有限公司王家岭矿通风系统为实验对象，建立矿井主要通风机不停风切换系统的数学模型，并对井下分支的可调性进行探究。然后将改进算法应用于矿井主要通风机不停机切换系统中。工程应用结果表明，该算法能够有效降低井下风量波动，且能够保证风机在切换过程中处于稳定工作状态。

7 研究结论与展望

7.1 研究结论

本书针对复杂系统的优化、调节、最优控制等关键问题展开研究，结合元启发式算法形成了一整套复杂系统优化与调控分析方法，并以矿井通风系统为例，对所提出的方法进行工程验证，结论总结如下：

① 提出了一种基于改进均衡优化器算法的复杂系统单目标优化方法，通过基准测试函数测试，证明该算法的优异性能，并将该方法应用于中煤华晋集团有限公司王家岭矿通风系统优化中，有效降低风机功率 333 kW，每年节约成本 210 万元，节能减排效果显著。

② 提出了一种基于 R_2 指标的混合多目标均衡优化算法（R_2HMEOA）的复杂系统多目标优化方法。将该方法应用于中煤华晋集团有限公司王家岭矿通风系统优化，建立以通风能耗、风机轴功率和风机效率为目标函数的矿井通风系统多目标优化模型，结果表明，该算法能有效降低通风功耗，提高风机轴功率和效率，从而证明了该算法的实用性。

③ 提出了一种基于改进鸽群算法的复杂系统智能调节方法，并将该方法应用于矿井通风系统风量智能调节问题中，建立矿井智能风量调节模型，并应用三维通风仿真系统对调节结果进行验证，在对 5 种不同类型巷道的 150 次增风、减风调节中，只有 2 次出现严重偏差，准确率达到 98.6%，因此该方法能够高效、稳定地对矿井风量进行调节。

④ 提出了一种基于对立学习机改进均衡优化器算法的复杂系统最优控制方法，并将该方法应用于矿井主要通风机不停机切换系统，工程应用结果表明，该算法能够将井下风量波动量降低至 0.4%，且能够保证风机在切换过程中处于稳定工作状态。

7.2 展望

本书研究取得了一些成果，但是还比较浅薄，距离实现复杂系统的最优优化和调控的目标还有很长距离，需要进一步研究以完善，今后研究方向如下：

① 所提出方法均以矿井通风系统为工程验证对象，相对单一，不能证明所提方法的广泛适用性，因此需要进一步对其他复杂系统进行验证，使得该方法更加科学与全面。

② 随着元启发式算法的不断被提出，可以考虑将性能更好的算法引入复杂系统优化与调控领域，从而进一步提升优化与调控的效率和准确性。

参 考 文 献

[1] LADYMAN J,LAMBERT J,WIESNER K. What is a complex system?[J]. Europeanjournal for philosophy of science,2013,3(1):33-67.

[2] STEVENS A L,COLLINS A. Multiple conceptual models of a complex system[M]//Aptitude,learning,and instruction.London:Routledge,2021:177-198.

[3] JIA X,GUO B. Reliability analysis for complex system with multi-source data integration and multi-level data transmission[J]. Reliability engineering & system safety,2022,217:108050.

[4] SIMON H A. The architecture of complexity[J]. Proceedings of the American philosophical society,1962,106(6):467-482.

[5] GOLDBERG D E. Genetic algorithms in search,optimization,and machine learning[M]. Boston:Addison-Wesley,1989.

[6] YU J,DING Y,LIANG C. Dynamic pricing of shared autonomous electric vehicle service with battery swapping[J]. Transportation research part C: emerging technologies,2019,107:60-75.

[7] WANG J, LIU J, YANG J. Multi-objective optimization for control strategy of parallel hybrid electric vehicle based on improved NSGA-II algorithm[J]. Journal of cleaner production,2021,280:124263.

[8] TAN Y,WEI Y,QIAN Y. A comprehensive framework of carbon emission reduction policy design for sustainable transportation[J]. Journal of cleaner production,2020,266:121938.

[9] CHEN L,LU S,ZHANG Y. A distributed robust optimization approach for large-scale systems[J]. Automatica,2019,105:140-151.

[10] MA H,LIU Y. Robust control of nonlinear systems subject to actuator faults and disturbances using adaptive dynamic programming[J]. Transactions on cybernetics,2020,51(9):4752-4762.

[11] ZHAO Y,LI X,LI X. A comprehensive review of PID tuning methods

[J]. Mathematical problems in engineering,2018(5):255-263.

[12] YAN Y,SUN W,GAO B. Power management optimization for hybrid electric vehicle based on adaptive particle swarm optimization algorithm [J]. Journal of power sources,2020,451:227776.

[13] DU K, LI S, LI G. A survey on model-based predictive control: an industrial application perspective[J]. Annual reviews in control, 2019, 47:293-312.

[14] LI K,LI X,LIU J. A comprehensive review of control strategies for complex systems based on deep reinforcement learning[J]. Transactions on cybernetics,2021,51(8):3779-3793.

[15] WANG J, LIU J, YANG J. Multi-objective optimization for control strategy of parallel hybrid electric vehicle based on improved NSGA-II algorithm[J]. Journal of cleaner production,2021,280:124263.

[16] 郭雷. 系统学是什么[J].系统科学与数学,2016,36(3):291-301.

[17] 煤矿安全网. 事故快报[EB/OL]. (2020-12-28)[2021-01-09]. http://www. mkaq. org/sgglshigukb/.

[18] 煤矿安监办公室.安全[EB/OL]. (2020-09-06)[2021-01-09]. http://www. chinacoal-safety. gov. cn/zfxxgk/fdzdgknr/jspgt/aqjs/.

[19] 张培森,李复兴,朱慧聪,等. 2008—2020年煤矿事故统计分析及防范对策[J]. 矿业安全与环保,2022,49(1):128-134.

[20] BASCOMPTA M,SANMIQUEL L,ZHANG H. Airflow stability and diagonal mine ventilation system optimization:a case study[J]. Journal of mining science,2018,54(5):813-820.

[21] PENG S S. Topical areas of research needs in ground control-A state of the art review on coal mine ground control[J]. International journal of mining science and technology,2015,25(1):1-6.

[22] 宋卫卫. 论述矿井通风安全管理与防范措施[J]. 西部探矿工程,2022,34(6):186-187,190.

[23] 刘海金. 矿井通风系统优化改良分析[J]. 能源与节能,2021(11):144-145.

[24] 兰泽全,李刚强. 煤矿特别重大事故统计分析[J]. 华北科技学院学报,2017,14(2):72-77.

[25] 杜凯."十二五"期间煤矿事故统计分析[J]. 有色金属设计,2021,48(1):125-128.

[26] 内蒙古自治区赤峰宝马矿业有限责任公司"12·3"特别重大瓦斯爆炸事

故调查与后续防范整改措施[J]. 中国应急管理，2017(9)：65-69.
[27] 重庆松藻煤矿"9·27"重大火灾事故37名公职人员被追责问责[J/OL]. 消防界(电子版)，2021，7(7)：44-45.
[28] 李志海. 煤矿主要耗能设备经济运行分析及节能整改措施研究[J]. 能源与环保，2020，42(2)：71-74.
[29] OTTINO J M. Complex systems[J]. AIChE journal，2003，49(2)：292.
[30] ARTALE V，CALMANTI S，CARILLO A，et al. An atmosphere-ocean regional climate model for the Mediterranean area：assessment of a present climate simulation[J]. Climatedynamics，2010，35(5)：721-740.
[31] JØRGENSEN S E，PATTEN B C，STRAŠKRABA M. Ecosystems emerging：toward an ecology of complex systems in a complex future[J]. Ecological modelling，1992，62(1/2/3)：1-27.
[32] KWAPIEŃ J，DROŻDŻ S. Physical approach to complex systems[J]. Physicsreports，2012，515(3/4)：115-226.
[33] DELLINO G，MELONI C. Uncertainty management in simulation-optimization of complex systems：algorithms and applications[M]. Boston，MA：Springer US，2015.
[34] BECK J，KEMPENER R，COHEN B，et al. A complex systems approach to planning，optimization and decision making for energy networks[J]. Energypolicy，2008，36(8)：2795-2805.
[35] DER KIUREGHIAN A，SONG J. Multi-scale reliability analysis and updating of complex systems by use of linear programming[J]. Reliability engineering & system safety，2008，93(2)：288-297.
[36] CAMINO J T，ARTIGUES C，HOUSSIN L，et al. Mixed-integer linear programming for multibeam satellite systems design：Application to the beam layout optimization[C]//2016 Annual IEEE Systems Conference (SysCon). April 18-21，2016，Orlando，FL，USA. IEEE，2016：1-6.
[37] MAZINAN A H，KAZEMI M F. A new approach to intelligent model based predictive control scheme[J]. Intelligent information management，2010，2(1)：14-20.
[38] ABDENNOUR R，KSOURI M，M'SAHLI F. Experimental nonlinear model based predictive control for a class of semi-batch chemical reactors[J]. The international journal of advanced manufacturing technology，

2002,20(6):459-463.

[39] BASKAR L D, DE SCHUTTER B, HELLENDOORN H. Traffic management for automated highway systems using model-based predictive control[J]. Transactions on intelligent transportation systems, 2012,13(2):838-847.

[40] LIN S,DE SCHUTTER B,XI Y G,et al. Efficient network-wide model-based predictive control for urban traffic networks[J]. Transportation research Part C:emerging technologies,2012,24:122-140.

[41] CAO J,HARROLD D,FAN Z,et al. Deep reinforcement learning-based energy storage arbitrage with accurate lithium-ion battery degradation model[J]. Transactions on smart grid,2020,11(5):4513-4521.

[42] LI J W, YU T. A new adaptive controller based on distributed deep reinforcement learning for PEMFC air supply system[J]. Energy reports, 2021,7:1267-1279.

[43] LI Y K,HAO X L,SHE Y C,et al. Constrained motion planning of free-float dual-arm space manipulatorvia deep reinforcement learning[J]. Aerospace science and technology,2021,109:106446.

[44] YOU X X, ZHANG M Y, NIU Z W. A dynamic adaptive hybrid surrogate-assisted particle swarm optimization algorithm for complex system design optimization[J]. Engineering computations,2022,39(7):2505-2531.

[45] 胡涛,申立群,付晋,等.基于多种群遗传算法的航天复杂系统测试任务调度[J].计算机集成制造系统,2024,30(4):1255-1262.

[46] HAMZA ZAFAR M,KHAN N M,FEROZ MIRZA A,et al. A novel meta-heuristic optimization algorithm based MPPT control technique for PV systems under complex partial shading condition[J]. Sustainable energy technologies and assessments,2021,47:101367.

[47] MUHAMMAD H Z,NOMAN M K,ADEEL F M,et al. A novel meta-heuristic optimization algorithm based MPPT control technique for PV systems under complex partial shading condition[J]. Sustainable energy technologies and assessments,2021,47:55-66.

[48] 李巧玲,倪益华.基于改进的蚁群算法的复杂制造系统物流配送路径优化[J].轻工机械,2015,33(2):106-109.

[49] FARAMARZI A,HEIDARINEJAD M,STEPHENS B,et al. Equilibrium

optimizer: a novel optimization algorithm[J]. Knowledge-based systems, 2020, 191: 105190.

[50] WUNNAVA A, NAIK M K, PANDA R, et al. A novel interdependence based multilevel thresholding technique using adaptive equilibrium optimizer[J]. Engineering applications of artificial intelligence, 2020, 94: 103836.

[51] NAIK M K, PANDA R, ABRAHAM A. An opposition equilibrium optimizer for context-sensitive entropy dependency based multilevel thresholding of remote sensing images[J]. Swarm and evolutionary computation, 2021, 65: 100907.

[52] ABDEL-BASSET M, MOHAMED R, MIRJALILI S, et al. Solar photovoltaic parameter estimation using an improved equilibrium optimizer[J]. Solarenergy, 2020, 209: 694-708.

[53] GUPTA S, DEEP K, MIRJALILI S. An efficient equilibrium optimizer with mutation strategy for numerical optimization[J]. Applied soft computing, 2020, 96: 106542.

[54] GAO Y Y, ZHOU Y Q, LUO Q F. An efficient binary equilibrium optimizer algorithm for feature selection[J]. Access, 2020, 8: 140936-140963.

[55] AHMED S, GHOSH K K, MIRJALILI S, et al. AIEOU: Automata-based improved equilibrium optimizer with U-shaped transfer function for feature selection[J]. Knowledge-based systems, 2021, 228: 107283.

[56] REZK H, ALY M, FATHY A. A novel strategy based on recent equilibrium optimizer to enhance the performance of PEM fuel cell system through optimized fuzzy logic MPPT[J]. Energy, 2021, 234: 121267.

[57] 杨蕾，李胜男，黄伟，等. 基于平衡优化器的含高比例风光新能源电网无功优化[J]. 电力系统及其自动化学报，2021，33(4)：32-39.

[58] 李守玉，何庆，陈俊. 改进平衡优化器算法的 WSN 覆盖优化[J]. 计算机应用研究，2022，39(4)：1168-1172，1189.

[59] DUAN H B, QIAO P X. Pigeon-inspired optimization: a new swarm intelligence optimizer for air robot path planning[J]. International journal of intelligent computing and cybernetics, 2014, 7(1): 24-37.

[60] TIAN A Q, CHU S C, PAN J S, et al. A compact pigeon-inspired optimization for maximum short-term generation mode in cascade hydroelectric power station[J]. Sustainability, 2020, 12(3): 767.

[61] LI C, DUAN H B. Target detection approach for UAVsvia improved pigeon-inspired optimization and edge potential function[J]. Aerospace science and technology, 2014, 39: 352-360.

[62] CHEN G G, QIAN J, ZHANG Z Z, et al. Application of modified pigeon-inspired optimization algorithm and constraint-objective sorting rule on multi-objective optimal power flow problem[J]. Applied soft computing, 2020, 92: 106321.

[63] HU C H, XIA Y, ZHANG J G. Adaptive operator quantum-behaved pigeon-inspired optimization algorithm with application to UAV path planning[J]. Algorithms, 2019, 12(1): 3.

[64] DEB K, DEB K. Multi-objective optimization[M]//Search Methodologies. Boston, MA: Springer US, 2013: 403-449.

[65] GUNANTARA N. A review of multi-objective optimization: methods and its applications[J]. Cogent engineering, 2018, 5(1): 1502242.

[66] MENDOZA F, BERNAL-AGUSTIN J L, DOMINGUEZ-NAVARRO J A. NSGA and SPEA applied to multiobjective design of power distribution systems[J]. Transactions onpower systems, 2006, 21(4): 1938-1945.

[67] DEB K, AGRAWAL S, PRATAP A, et al. A fast elitist non-dominated sorting genetic algorithm for multi-objective optimization: NSGA-II [M]//Parallel problem solving from Nature PPSN VI. Berlin, Heidelberg: Springer Berlin Heidelberg, 2000: 849-858.

[68] YI J H, DEB S, DONG J Y, et al. An improved NSGA-III algorithm with adaptive mutation operator for Big Data optimization problems [J]. Future generation computer systems, 2018, 88: 571-585.

[69] DEB K, JAIN H. An evolutionary many-objective optimization algorithm using reference-point-based nondominated sorting approach, part I: solving problems with box constraints[J]. Transactions on evolutionary computation, 2014, 18(4): 577-601.

[70] JAN M A, ZHANG Q F. MOEA/D for constrained multiobjective optimization: Some preliminary experimental results [C]//2010 UK Workshop on Computational Intelligence (UKCI). September 8-10, 2010, Colchester, UK. IEEE, 2010: 1-6.

[71] COELLO COELLO C A, LECHUGA M S. MOPSO: a proposal for

multiple objective particle swarm optimization[C]//Proceedings of the 2002 Congress on Evolutionary Computation. CEC'02. May 12-17, 2002, Honolulu, HI, USA. IEEE, 2002: 1051-1056.

[72] BADER J, ZITZLER E. Hype: an algorithm for fast hypervolume-based many-objective optimization[J]. Evolutionary computation, 2011, 19(1): 45-76.

[73] LI F, LIU J C, TAN S B, et al. R2-MOPSO: a multi-objective particle swarm optimizer based on R2-indicator and decomposition[C]//2015 IEEE Congress on Evolutionary Computation (CEC). May 25-28, 2015, Sendai, Japan. IEEE, 2015: 3148-3155.

[74] 田本东. 矿井通风系统的构成[J]. 煤炭技术, 2009, 28(4): 104-106.

[75] 邵良杉, 张佳琦, 于保才, 等. 基于TF-熵权法的矿井通风系统可靠性可拓评价[J]. 中国安全生产科学技术, 2022, 18(4): 106-112.

[76] JIA T G, LIU J. Stability of mine ventilation system based on multiple regression analysis[J]. Mining science and technology (China), 2009, 19(4): 463-466.

[77] 于保才, 邵良杉. 矿井主风机不停风倒机系统最优控制研究[J]. 中国安全生产科学技术, 2022, 18(2): 119-124.

[78] 何先庭. 矿井通风系统信息化集成技术研究[J]. 煤矿现代化, 2020, 29(5): 70-72.

[79] LIU Q, CHENG W M, LIU L S, et al. Research on the control law of dust in the main ventilation system in excavated tunnels for cleaner production [J]. Building and environment, 2021, 205: 108282.

[80] XU G, HUANG J X, NIE B S, et al. Calibration of mine ventilation network models using the non-linear optimization algorithm [J]. Energies, 2018, 11(1): 31.

[81] 尹晓玉, 谢贤平, 李建功. 矿井通风网路的线性解算法及其程序设计[J]. 安全与环境学报, 2015, 15(4): 69-73.

[82] 谈国文. 复杂矿井通风网络可视化动态解算及预警技术[J]. 工矿自动化, 2020, 46(2): 6-11.

[83] SUI J X, YANG L, ZHU Z L, et al. Mine ventilation optimization analysis and airflow control based on harmony annealing search[J]. Journal of computers, 2011, 6(6): 1270-1277.

[84] OLIVEIRA M, BASTOS-FILHO C J A, MENEZES R. Using network

science to assess particle swarm optimizers[J]. Social network analysis and mining,2015,5(1):1-13.

[85] 董明洪,李俊. 轴流通风机喘振现象分析及预防措施[J]. 风机技术,2008,50(4):66-67.

[86] 贾善坡,伍国军,陈卫忠. 基于粒子群算法与混合罚函数法的有限元优化反演模型及应用[J]. 岩土力学,2011,32(增2):598-603.

[87] 陈彦亭,李志鹏,巩瑞杰,等. 矿井通风网络解算方法的优化研究[J]. 现代矿业,2022,38(3):252-254,258.

[88] LIU Y J,LIU Z Y,GAO K,et al. Efficient graphical algorithm of sensor distribution and air volume reconstruction for a smart mine ventilation network[J]. Sensors,2022,22(6):2096.

[89] 兰献宸. 矿井通风电气模型[J]. 北京矿业学院学报,1956(3):27-31.

[90] 唐海清. 矿井通风网路的动坐标解法及其应用[J]. 煤炭学报,1964(4):33-46.

[91] 唐海清. 矿井通风系统风量自然分配问题"实测一笔算一图解法"[J]. 川煤科技,1974,1(1):45-55.

[92] 刘剑,贾进章,郑丹. 流体网络理论[M]. 北京:煤炭工业出版社,2002:110-119.

[93] 平松良雄. 通风学[M]. 刘运洪,译. 北京:冶金工业出版社,1981:65-80.

[94] 李博伦,李雨成,李俊桥. 基于节点压能的网络分风算法研究[J]. 高技术通讯,2021,31(7):733-737.

[95] 王惠宾,胡卫民,李湖生. 矿井通风网络理论与算法[M]. 徐州:中国矿业大学出版社,1996.

[96] 苟红松,刘永胜,李永生. 回路风量法解算多风机串并联复杂通风网络[J]. 隧道建设,2015,35(增2):17-21.

[97] 钟德云,王李管,毕林,等. 基于回路风量法的复杂矿井通风网络解算算法[J]. 煤炭学报,2015,40(2):365-370.

[98] 代武贺. 变风量空调系统变静压设定值优化设置方法[D]. 大连:大连理工大学,2014.

[99] 陈立,张英华,黄志安,等. 基于增阻调节的机站风量变化的相关性研究[J]. 矿业研究与开发,2017,37(4):84-87.

[100] KOBAYASHI T,ORENDURFF M S,SINGER M L,et al. Reduction of genu recurvatum through adjustment of plantarflexion resistance of an articulated ankle-foot orthosis in individuals post-stroke[J]. Clinical

biomechanics,2016,35:81-85.

[101] 张书读.基于空气幕调节的高海拔地区矿井增压通风研究[D].西安:西安建筑科技大学,2020.

[102] KOLESOV E V,KAZAKOV B P,GRISHIN E L. Study of the convective stratification of airflows in a mine shaft [J]. Journal of physics: conference series,2021,1945(1):012020.

[103] NARDO M,YU H X. Intelligent ventilation systems in mining engineering:is ZigBee WSN technology the best choice? [J]. Applied system innovation, 2021,4(3):42.

[104] 宫良伟,田卫东,邹德军.通风网络解算方法研究现状和展望[J].建井技术,2016,37(2):29-33.

[105] NYAABA W,FRIMPONG S,EL-NAGDY K A. Optimisation of mine ventilation networks using the Lagrangian algorithm for equality constraints [J]. International journal of mining, reclamation and environment,2015,29(3):201-212.

[106] CHEN K Y,SI J H,ZHOU F B,et al. Optimization of air quantity regulation in mine ventilation networks using the improved differential evolution algorithm and critical path method[J]. International journal of mining science and technology,2015,25(1):79-84.

[107] 刘增全.基于遗传算法的矿井通风网络优化模型建立与求解[J].机械管理开发,2017,32(11):11-14.

[108] 邵良杉,王振,李昌明.基于模拟退火与改进粒子群的矿井通风优化算法[J].系统仿真学报,2021,33(9):2085-2094.

[109] 张兴国,周玉.基于 ACPSO 算法的矿井通风网络解算研究[J].辽宁工程技术大学学报(社会科学版),2018,20(4):305-311.

[110] 苏义鑫,戈乐,程诗佳.基于改进遗传算法和 BP 神经网络的矿井通风风速预测[J].河南理工大学学报(自然科学版),2017,36(4):20-25.

[111] 吴新忠,张芝超,王凯,等.基于 DE-GWO 算法的矿井风网风量调节方法[J].中南大学学报(自然科学版),2021,52(11):3981-3989.

[112] SHAMIR U Y,HOWARD C D D. Water distribution systems analysis [J]. Journal of the hydraulics division,1968,94(1):219-234.

[113] WANG Y J,MUTMANSKY J M. Modeling mine ventilation networks using five basic network elements[J]. Mining engineering,1997,49.

[114] 陈开岩,陈发明.矿井通风测量数据处理方法的集成与应用[J].中国矿业

大学学报,2002,31(6):39-45.

[115] SONG J L. Application of IPSO-TS algorithm in air volume optimization of mine ventilation network [J]. Mining safety & environmental protection,2022,49(02):78-82.

[116] JOHNSON T B. Optimum open pit mine production scheduling[M]. Berkeley:University of California,1968.

[117] TUCK M A. Automatic control of mine ventilation: future possibility [J]. Journal of the Mine Ventilation Society of South Africa, 1992, 45(10):146-150.

[118] 崔传波,蒋曙光,王凯,等.基于风量可调度的矿井风量调节[J].工矿自动化,2016,42(2):39-43.

[119] 陈彦亭,李志鹏,巩瑞杰,等.矿井通风网络解算方法的优化研究[J].现代矿业,2022,38(3):252-254,258.

[120] WALENTEK A,JANOSZEK T,PRUSEK S,et al. Influence of longwall gateroad convergence on the process of mine ventilation network-model tests[J]. Internationaljournal of mining science and technology, 2019, 29(4):585-590.

[121] JOHNSON T B. Optimum open pit mine production scheduling[M]. [S. l:s. n.],1986.

[122] MARZILGER B, KOMMALLEIN B. Improvement of duct walling materials to raise operational reliability[J]. Glueckauf & translation, 2012,123(24):665-668.

[123] SASTRY K V S,BHASKAR R,SASTRY S. Introduction of advanced user interface concepts to mine ventilation software[J]. Journal of the mine ventilation society of South Africa,1993,46(5):78-84.

[124] 史东涛.基于灵敏度的风量异常与风量调节的分析研究[D].西安:西安科技大学,2008.

[125] 丰胜成,付华.矿井通风网络风量调节分支的优化选择[J].辽宁工程技术大学学报(自然科学版),2019,38(6):513-516.

[126] WANG C L, WU C, WANG W J. Application of synthetic principal component analysis model to mine area farmland heavy metal pollution assessment[J]. Journal of coal science and engineering (China), 2008, 14(1):109-113.

[127] 赵会波.矿井主要通风机停止运转及恢复通风应急处置分析[J].煤矿安

全,2019,50(4):177-180.

[128] 伍小沙,田世祥,马瑞帅,等.煤体初始瓦斯涌出规律预测煤巷突出危险性研究[J].中国安全生产科学技术,2021,17(4):116-121.

[129] 刘学,刘剑,曲敏.高海拔矿井掘进巷道瓦斯爆炸火焰传播规律数值模拟[J].中国安全生产科学技术,2020,16(12):67-71.

[130] 于励民,马小平,任中华,等.矿井主通风机不停风倒机控制的研究与实现[J].工矿自动化,2010,36(9):133-137.

[131] 吴新忠.煤矿主通风机通风失稳控制的研究与应用[D].徐州:中国矿业大学,2010.

[132] 董素玲.基于模糊控制的煤矿主井通风机不停风倒机自动控制系统设计[J].工矿自动化,2015,41(9):39-43.

[133] WANG Q J,MA X P,YANG C Y,et al. Modeling and control of mine main fan switchover system[J]. ISA transactions,2019,85:189-199.

[134] GE H Q,MA X P,WU X Z,et al. Fuzzy PID control of mine main fan switchover aiming at invariant ventilation [C]//2011 International Conference on Intelligence Science and Information Engineering. August 20-21,2011,Wuhan,China. IEEE,2011:325-328.

[135] GE H Q, XU G, HUANG J X, et al. A mine main fans switchover system with lower air flow volatility based on improved particle swarm optimization algorithm[J]. Advances inmechanical engineering, 2019, 11(3):1687814019829281.

[136] 任子晖,王翠,倪婷婷,等.基于神经网络不停风倒机风量变化的研究[J].煤炭技术,2016,35(11):229-231.

[137] PETERSON G. Arnold's cat map[EB/OL]. [2020-11-27]. http://pages. physics. cornell. edu/～sethna/teac.

[138] GLEISER R J, DOTTI G. Linear stability of Einstein-Gauss-bonnet static spacetimes:vector and scalar perturbations[J]. Physical review D, 2005,72(12):124002.

[139] FARAMARZI A, HEIDARINEJAD M, MIRJALILI S, et al. Marine predators algorithm:a nature-inspired metaheuristic[J]. Expert systems with applications,2020,152:113377.

[140] MIRJALILI S. SCA:a Sine Cosine Algorithm for solving optimization problems[J]. Knowledge-based systems,2016,96:120-133.

[141] POLI R,KENNEDY J,BLACKWELL T. Particle swarm optimization

[J]. Swarm intelligence,2007,1(1):33-57.

[142] KAUR S, AWASTHI L K, SANGAL A L, et al. Tunicate Swarm Algorithm:a new bio-inspired based metaheuristic paradigm for global optimization[J]. Engineering applications of artificial intelligence,2020,90:103541.

[143] 裴晓东,王凯,李晓伟,等. 基于元胞自动机的集约化矿井调风模型分析与仿真[J]. 中国矿业大学学报,2017,46(4):755-761.

[144] WEI G. Optimization of mine ventilation system based on bionics algorithm[J]. Procedia engineering,2011,26:1614-1619.

[145] OLIVEIRA M,BASTOS-FILHO C J A,MENEZES R. Using network science to assess particle swarm optimizers[J]. Social network analysis and mining,2015,5(1):1-13.

[146] DONG M H,LI J. Analysis on surging in axial-flow fan and precautions [J]. Chinese journal of turbomachinery,2008(4):66-67.

[147] 贾善坡,伍国军,陈卫忠. 基于粒子群算法与混合罚函数法的有限元优化反演模型及应用[J]. 岩土力学,2011,32(增2):598-603.

[148] PHAN D H, SUZUKI J. R2-IBEA: R2 indicator based evolutionary algorithm for multiobjective optimization[C]//2013 IEEE Congress on Evolutionary Computation. June 20-23, 2013, Cancun, Mexico. IEEE, 2013:1836-1845.

[149] PHAN D H, SUZUKI J. R2-IBEA: R2 indicator based evolutionary algorithm for multiobjective optimization[C]//2013 IEEE Congress on Evolutionary Computation. June 20-23, 2013, Cancun, Mexico. IEEE, 2013:1836-1845.

[150] ZHANG Q F,LI H. MOEA/D:a multiobjective evolutionary algorithm based on decomposition[J]. Transactions onevolutionary computation, 2007,11(6):712-731.

[151] SHEIKHOLESLAMI F,NAVIMIPOUR N J. Service allocation in the cloud environments using multi-objective particle swarm optimization algorithm based on crowding distance[J]. Swarm and evolutionary computation,2017,35:53-64.

[152] DANG G Y,SU H S,CHE Y L. Multi-objective optimization of dish Stirling system based on improved NSGA-Ⅱ algorithm[J]. Journal of Yunnan University (Natural Science Edition),2021,43(02):270-279.

[153] BOTELLO-ACEVES S, VALDEZ S I, HERNANDEZ-AGUIRRE A. A Broyden-based algorithm for multi-objective local-search optimization [J]. Information sciences, 2022, 594: 264-285.

[154] CHENG Y, WEI C, YOU B D, et al. Multi-objective optimization algorithm of space-based early warning based on ant colony[J]. Journal of Haerbin Engineering University, 2021, 42(10): 1428-1438.

[155] LI Y F, LIU H L, XIE K, et al. A method for distributing reference points uniformly along the Pareto front of DTLZ test functions in many-objective evolutionary optimization [C]//2015 5th International Conference on Information Science and Technology (ICIST). April 24-26, 2015, Changsha, China. IEEE, 2015: 541-546.

[156] ZHANG Q, et al. Multiobjective optimization test instances for the CEC 2009 special session and competition [R]. University of Essex, Colchester, UK and Nanyang technological University, Singapore, special session on performance assessment of multi-objective optimization algorithms, technical report, 2008. 264.

[157] GU F, LIU H L, TAN K C. A multiobjective evolutionary algorithm using dynamic weight design method [J]. International journal of innovative computing information & control ijicic, 2012, 8 (5B): 3677-3688.

[158] DEB K, JAIN H. An evolutionary many-objective optimization algorithm using reference-point-based nondominated sorting approach, part I: solving problems with box constraints[J]. Transactions on evolutionary computation, 2014, 18(4): 577-601.

[159] DEB K, PRATAP A, AGARWAL S, et al. A fast and elitist multiobjective genetic algorithm: NSGA-II[J]. Transactions on evolutionary computation, 2002, 6(2): 182-197.

[160] DHIMAN G, KUMAR V. Multi-objective spotted hyena optimizer: a Multi-objective optimization algorithm for engineering problems [J]. Knowledge-based systems, 2018, 150: 175-197.

[161] ZHANG Q F, LI H. MOEA/D: a multiobjective evolutionary algorithm based on decomposition[J]. Transactions on evolutionary computation, 2007, 11(6): 712-731.

[162] ABDEL-BASSET M, MOHAMED R, ABOUHAWWASH M. Balanced

multi-objective optimization algorithm using improvement based reference points approach[J]. Swarm and evolutionary computation, 2021,60:100791.

[163] LI M,WANG X R. Performance evaluation methods and instrumentation for mine ventilation fans[J]. Mining science and technology (China), 2009, 19(6):819-823.

[164] GOU Y G,SHI X Z,ZHOU J,et al. Characterization and effects of the shock losses in a parallel fan station in the underground mine[J]. Energies,2017,10(6):785.

[165] HAO R,LUO D L,DUAN H B. Multiple UAVs mission assignment based on modified Pigeon-inspired optimization algorithm [C]// Proceedings of 2014 IEEE Chinese Guidance, Navigation and Control Conference. August 8-10,2014,Yantai,China. IEEE,2014:2692-2697.

[166] ZHONG Y W, WANG L J, LIN M, et al. Discrete pigeon-inspired optimization algorithm with Metropolis acceptance criterion for large-scale traveling salesman problem [J]. Swarm and evolutionary computation,2019,48:134-144.

[167] GIANNELLA C R. Instability results for Euclidean distance, nearest neighbor search on high dimensional Gaussian data[J]. Information processing letters,2021,169:106115.

[168] 刘剑,尹昌胜,黄德,等. 矿井通风阻变型故障复合特征无监督机器学习模型[J]. 煤炭学报,2020,45(9):3157-3165.

[169] 付华,丰盛成,刘晶,等. 基于 DE-EDA-SVM 的瓦斯浓度预测建模仿真研究[J]. 传感技术学报,2016,29(2):285-289.

[170] ABDEL-BASSET M,MOHAMED R,ABOUHAWWASH M. Balanced multi-objective optimization algorithm using improvement based reference points approach[J]. Swarm and evolutionary computation, 2021,60:100791.

[171] MARINI F, WALCZAK B. Particle swarm optimization (PSO). A tutorial[J]. Chemometrics and intelligent laboratory systems,2015,149: 153-165.

[172] NARUEI I, KEYNIA F. Wild horse optimizer: a new meta-heuristic algorithm for solving engineering optimization problems[J]. Engineering with computers,2022,38(4):3025-3056.

[173] JAIN M,SINGH V,RANI A. A novel nature-inspired algorithm for optimization:Squirrel search algorithm[J]. Swarm and evolutionary computation,2019,44:148-175.
[174] MIRJALILI S. Genetic algorithm[M]//Evolutionary Algorithms and Neural Networks. Cham:Springer International Publishing,2018:43-55.
[175] WU X S,TIAN S X,MA R S,el al. Study on prediction of outburst risk of coal roadway by initial gas emission law of coal body[J]. Journal of safety science and technology,2021,17(4):116-121.
[176] LIU X,LIU J,QU M. Numerical simulation on flame propagation laws of explosion in excavation roadway of high altitude mines[J]. Journal of safety science and technology,2020,16(12):67-71.
[177] ZHANG Q H,YAO Y H,ZHAO J Y. Status of mine ventilation technology in China and prospects for intelligent development[J]. Coal science and technology,2020,48(2):97-103.
[178] LIANG J M. Starting way and adjustment method of mine ventilator as well as relationship[J]. Coal science and technology,2010,38(6):100-103.
[179] WU X Z,MA X P,REN Z H. Study on coal mine main fan automatic switchover aiming at ventilation unceasing and its numerical simulation [C]//2010 2nd International Asia Conference on Informatics in Control,Automation and Robotics (CAR 2010). March 6-7,2010,Wuhan,China. IEEE,2010:227-230.
[180] WANG Q J,DAI W,YANG C Y,et al. Modeling and analysis of coal mine main fans switchover system[J]. Journal of China coal society & practice,2018,43(S2):606-614.
[181] ABDEL-BASSET M,MOHAMED R,MIRJALILI S,et al. Solar photovoltaic parameter estimation using an improved equilibrium optimizer[J]. Solar energy,2020,209:694-708.
[182] YEM,YANG Y D. Research on graphic digitization and optimization of axial flow fan characteristic curve[J]. Coal engineering & practice,2013,45(S1):110-111,115.
[183] 尹昌胜,刘剑,邓立军. 正反相切抛物线方法拟合通风机特性曲线[J]. 辽宁工程技术大学学报(自然科学版),2015,34(1):77-81.
[184] 任子晖,王翠,倪婷婷,等. 基于神经网络不停风倒机风量变化的研究[J].

煤炭技术,2016,35(11):229-231.

[185] GE H Q,MA X P,WU X Z,et al. Fuzzy PID control of mine main fan switchover aiming at invariant ventilation [C]//2011 International Conference on Intelligence Science and Information Engineering. August 20-21,2011,Wuhan,China. IEEE,2011:325-328.

附　　录

附录 A　2020 年王家岭矿巷道参数表

附表 1　2020 年王家岭矿巷道参数表

编号	Q /(m^3/s)	R /(N·s^2/m^8)	可调	编号	Q /(m^3/s)	R /(N·s^2/m^8)	可调
1	5.498 3	0.000 089 36	N	143	69.489 8	0.000 029 88	N
2	5.498 3	0.000 068 99	N	144	41.191 2	0.000 076 97	N
3	3.701 8	0.000 067 06	Y	145	66.145 2	0.000 469 00	N
4	3.701 8	0.000 071 89	Y	146	108.632 4	0.011 508 60	N
5	236.434 8	0.000 030 53	N	147	110.073 8	0.011 590 70	N
6	236.434 8	0.000 053 15	N	148	124.703 6	0.000 631 40	N
7	236.434 8	0.000 097 60	N	149	124.703 6	0.000 138 70	N
8	2.211 0	0.000 016 74	N	150	136.482 4	0.001 039 00	N
9	1.928 9	0.000 077 48	N	151	136.840 5	0.001 305 00	N
10	1.928 9	0.000 096 82	N	152	126.784 2	0.000 684 00	N
11	14.788 1	0.077 550 00	N	153	166.578 8	0.001 902 00	N
12	14.788 1	0.000 073 00	N	154	137.140 9	0.000 522 80	N
13	14.788 1	0.000 035 08	N	155	109.044 7	0.004 426 00	N
14	14.788 1	0.000 092 85	N	156	167.938 5	0.001 036 00	N
15	27.095 2	0.080 739 80	N	157	168.793 0	0.000 737 30	N
16	2.922 2	0.000 032 18	N	158	168.942 5	0.000 555 30	N
17	24.173 1	0.000 038 54	N	159	135.181 2	0.000 407 60	N
18	24.173 1	0.088 330 00	N	160	171.542 6	0.001 714 40	N
19	3.870 2	0.000 049 87	N	161	172.027 0	0.002 571 00	N
20	3.356 0	0.000 035 34	N	162	172.814 4	0.001 683 00	N

附表 1(续)

编号	Q /(m^3/s)	R /($N \cdot s^2/m^8$)	可调	编号	Q /(m^3/s)	R /($N \cdot s^2/m^8$)	可调
21	0.514 1	0.000 002 41	Y	163	228.598 9	0.000 022 79	N
22	0.514 1	0.000 001 35	N	164	230.935 3	0.001 849 30	N
23	68.049 3	0.004 020 00	N	165	249.680 7	0.000 176 70	N
24	68.049 3	0.000 017 46	N	166	220.249 0	0.000 005 02	N
25	68.049 3	0.000 091 32	N	167	223.340 0	0.000 290 20	N
26	3.870 2	0.000 077 88	N	168	225.234 4	0.001 260 00	N
27	1.882 5	0.000 068 44	N	169	228.190 5	0.001 399 00	N
28	2.956 2	0.000 027 84	N	170	226.308 0	0.000 491 10	N
29	2.956 2	0.000 057 58	N	171	162.667 5	0.000 833 10	N
30	2.889 3	0.000 069 41	N	172	108.647 9	0.008 186 00	N
31	1.894 3	0.000 064 89	N	173	162.667 5	0.000 212 70	N
32	1.894 3	0.000 098 93	N	174	230.716 7	0.000 006 18	N
33	1.894 3	0.000 033 18	Y	175	235.070 8	0.000 095 67	N
34	3.091 0	0.000 047 01	Y	176	232.691 5	0.001 133 00	N
35	3.091 0	0.000 002 08	N	177	217.903 4	0.000 026 37	Y
36	18.745 4	0.062 890 00	N	178	193.730 4	0.001 959 00	Y
37	18.745 4	0.196 000 00	Y	179	210.447 4	0.000 209 90	N
38	2.336 4	0.000 093 02	N	180	213.529 7	0.000 197 10	N
39	2.336 4	0.000 011 79	N	181	176.022 8	0.000 383 90	N
40	2.336 4	0.000 011 53	Y	182	276.860 3	0.000 060 88	N
41	52.200 2	0.000 033 54	Y	183	40.425 5	0.006 201 00	N
42	0.484 4	0.000 015 74	N	184	276.860 3	0.001 143 00	N
43	2.716 0	0.000 051 22	N	185	0.813 3	0.000 023 88	N
44	2.716 0	0.000 029 44	Y	186	213.247 6	0.000 010 79	N
45	2.716 0	0.000 008 31	N	187	0.282 1	0.000 057 83	N
46	33.761 3	0.000 064 97	N	188	208.518 5	0.000 908 70	N
47	33.761 3	0.000 049 60	N	189	1.928 9	0.000 059 87	N
48	58.893 8	0.000 080 58	N	190	14.788 1	0.264 180 00	Y
49	58.893 8	0.000 052 65	N	191	2.922 2	0.000 093 98	Y
50	28.096 2	0.000 099 93	Y	192	2.211 0	0.000 021 05	N

附表 1(续)

编号	Q /(m^3/s)	R /(N·s^2/m^8)	可调	编号	Q /(m^3/s)	R /(N·s^2/m^8)	可调
51	1.716 8	0.000 041 33	N	193	2.800 2	0.341 000 00	N
52	29.437 9	0.000 095 51	Y	194	54.038 4	0.065 810 00	Y
53	1.910 3	0.000 024 41	N	195	2.893 4	0.000 056 45	N
54	10.056 3	0.000 046 14	N	196	123.085 7	0.001 792 00	Y
55	10.056 3	0.074 590 00	Y	197	0.998 1	0.000 036 21	N
56	1.910 3	0.069 130 00	N	198	1.987 7	0.000 044 95	Y
57	2.406 1	0.002 160 00	N	199	3.870 2	0.000 029 30	Y
58	14.629 8	0.015 540 00	N	200	2.989 4	0.000 099 66	N
59	14.629 8	0.009 927 00	Y	201	2.956 2	0.000 021 84	N
60	1.441 4	0.000 041 13	Y	202	59.445 1	0.000 864 70	N
61	1.345 3	0.000 066 09	N	203	63.640 6	0.019 150 00	Y
62	0.962 0	0.000 059 29	Y	204	1.987 7	0.224 760 00	N
63	0.962 0	0.000 064 13	Y	205	2.956 2	0.000 067 08	Y
64	6.562 3	0.000 059 67	Y	206	0.995 0	0.000 031 18	N
65	1.081 8	0.000 064 83	Y	207	281.690 1	0.000 555 70	Y
66	0.325 3	0.000 017 66	N	208	2.889 3	0.000 012 84	Y
67	0.325 3	0.000 004 52	Y	209	29.431 7	0.005 661 00	N
68	1.320 7	0.000 064 67	Y	210	18.211 0	0.000 022 93	Y
69	0.346 6	0.000 020 22	Y	211	39.607 9	0.000 083 99	N
70	1.320 7	0.008 884 00	N	212	0.534 4	0.000 044 15	Y
71	67.869 3	0.001 224 00	N	213	0.534 4	0.000 034 54	Y
72	61.306 9	0.001 661 00	N	214	2.581 8	0.000 098 04	Y
73	97.512 1	0.003 326 00	N	215	0.787 3	0.000 033 05	N
74	85.733 3	0.016 800 00	N	216	56.900 2	0.006 483 00	N
75	85.375 2	0.006 570 00	N	217	36.361 4	0.005 481 00	N
76	97.341 8	0.000 349 60	N	218	57.049 7	0.007 180 00	Y
77	57.547 2	0.016 000 00	N	219	0.149 5	0.000 061 05	N
78	86.985 0	0.001 299 00	N	220	57.904 2	0.006 688 00	Y
79	20.538 8	0.000 084 21	N	221	0.854 4	0.000 047 20	N
80	57.016 1	0.008 713 00	N	222	116.798 0	0.003 815 00	N

附表 1(续)

编号	Q /(m^3/s)	R /(N·s^2/m^8)	可调	编号	Q /(m^3/s)	R /(N·s^2/m^8)	可调
81	56.531 6	0.008 741 00	N	223	58.893 8	0.000 012 73	N
82	55.744 3	0.041 140 00	N	224	39.794 6	0.000 079 81	N
83	44.240 1	0.005 126 83	N	225	11.966 5	0.000 055 13	N
84	26.029 1	0.157 780 00	N	226	1.910 3	0.000 062 26	Y
85	55.460 8	0.078 500 00	N	227	44.911 5	0.000 078 46	N
86	56.455 7	0.001 500 00	N	228	0.962 0	0.000 055 46	N
87	122.087 6	0.000 031 88	N	229	170.400 2	0.004 974 00	Y
88	56.931 8	0.001 873 00	N	230	0.346 6	0.000 016 47	N
89	84.027 0	0.001 238 50	N	231	170.053 7	0.000 085 13	N
90	81.226 8	0.001 240 74	N	232	168.733 0	0.000 000 29	N
91	16.636 6	0.003 622 80	N	233	20.894 4	0.151 330 00	N
92	97.863 4	0.001 656 00	Y	234	21.151 8	0.000 020 87	N
93	21.151 8	0.123 030 00	N	235	17.449 9	0.035 192 00	Y
94	3.701 8	0.000 035 80	N	236	147.513 3	0.000 097 25	N
95	10.353 6	0.000 581 66	N	237	0.325 3	0.000 007 22	N
96	19.699 8	0.048 900 90	N	238	107.407 6	0.000 270 00	N
97	45.519 9	0.008 752 70	N	239	109.735 9	0.011 252 20	N
98	44.349 4	0.956 090 70	N	240	43.470 1	0.114 499 00	N
99	13.286 0	0.000 043 98	N	241	273.886 2	0.000 342 60	Y
100	13.286 0	0.000 083 28	N	242	2.974 1	0.000 036 94	N
101	13.286 0	0.000 066 61	N	243	36.477 3	0.000 080 18	N
102	13.286 0	0.000 080 29	N	244	12.223 8	0.898 300 00	N
103	7.787 6	0.000 081 20	N	245	11.778 9	0.865 100 00	N
104	2.000 5	0.000 034 33	N	246	2.406 1	0.000 032 76	Y
105	3.497 9	0.068 900 00	N	247	2.406 1	0.000 091 62	N
106	3.497 9	0.004 972 00	N	248	43.470 1	0.083 439 00	Y
107	42.022 0	0.000 292 71	N	249	41.647 4	0.000 029 03	Y
108	38.320 2	0.061 700 00	N	250	1.108 7	0.000 083 90	Y
109	37.506 9	0.021 860 00	N	251	24.954 0	0.000 062 42	N
110	342.080 0	0.000 531 00	N	252	24.954 0	0.000 052 46	N

附表 1(续)

编号	Q /(m³/s)	R /(N·s²/m⁸)	可调	编号	Q /(m³/s)	R /(N·s²/m⁸)	可调
111	342.080 0	0.000 081 87	N	253	42.756 1	0.000 083 69	Y
112	297.730 6	0.000 072 17	N	254	28.298 6	0.000 073 75	Y
113	294.756 5	0.000 167 30	N	255	46.100 7	0.000 039 34	Y
114	294.756 5	0.000 185 20	N	256	45.893 1	0.000 009 63	N
115	292.545 5	0.000 016 82	N	257	111.137 2	0.000 482 00	N
116	292.545 5	0.000 059 88	N	258	103.612 8	0.000 527 30	N
117	292.545 5	0.000 260 30	N	259	44.815 5	0.003 000 00	N
118	289.623 3	0.000 058 52	N	260	43.470 1	0.016 331 30	N
119	289.623 3	0.000 088 34	N	261	13.286 0	0.000 049 57	Y
120	289.623 3	0.000 291 70	N	262	23.197 7	0.103 210 00	N
121	283.677 8	0.000 390 00	N	263	0.565 5	0.194 060 00	N
122	283.677 8	0.000 056 25	N	264	9.346 1	0.000 591 30	N
123	278.800 8	0.000 006 56	N	265	9.346 1	0.000 833 10	N
124	278.800 8	0.000 256 8	N	266	43.470 1	0.081 120 00	N
125	275.709 8	0.000 235 8	N	267	107.984 7	0.000 035 26	N
126	236.102 0	0.000 297 46	N	268	41.698 6	0.000 037 54	N
127	231.140 4	0.001 175 00	N	269	120.614 2	0.000 613 30	N
128	228.558 7	0.000 258 80	N	270	107.984 7	0.000 053 65	N
129	225.842 7	0.000 246 90	N	271	110.526 2	0.000 624 90	N
130	224.126 0	0.000 269 30	N	272	66.286 2	0.000 036 46	N
131	222.215 7	0.000 763 00	N	273	39.073 4	0.019 000 00	N
132	219.809 6	0.001 685 00	N	274	2.625 2	0.000 088 01	N
133	174.898 1	0.004 315 00	N	275	233.765 6	0.000 517 44	N
134	173.552 8	0.004 130 00	N	276	2.625 2	0.000 044 66	Y
135	172.444 1	0.007 454 00	N	277	0.358 0	0.000 026 38	N
136	171.482 1	0.000 677 10	N	278	54.019 6	0.032 950 00	N
137	170.053 7	0.001 765 80	Y	279	54.019 6	0.000 081 80	N
138	168.733 0	0.000 044 16	N	280	54.019 6	0.000 082 24	N
139	147.838 6	0.000 037 25	N	281	39.073 4	0.008 000 00	N
140	147.838 6	0.000 102 16	N	282	39.073 4	0.014 000 00	N
141	149.159 3	0.000 960 30	N	283	2.328 3	0.198 300 00	N
142	149.505 9	0.001 768 00	N	284	44.815 5	0.019 700 00	N

附录 B　2023 年王家岭矿巷道参数表

附表 2　2023 年王家岭矿巷道参数表

编号	Q /(m³/s)	R /(N·s²/m⁸)	可调	编号	Q /(m³/s)	R /(N·s²/m⁸)	可调
1	2.019 4	0.000 068 99	N	151	41.710 8	0.000 684 00	N
2	2.008 4	0.000 067 06	N	152	54.803 5	0.001 902 00	N
3	2.008 4	0.000 071 89	Y	153	45.118 8	0.000 522 80	N
4	77.639 4	0.000 030 53	Y	154	35.888 7	0.004 426 00	N
5	77.639 4	0.000 053 15	N	155	55.271 9	0.001 036 00	N
6	77.639 4	0.000 097 60	N	156	55.553 1	0.000 737 30	N
7	0.759 9	0.000 016 74	N	157	55.602 3	0.000 555 30	N
8	0.655 3	0.000 077 48	N	158	44.514 8	0.000 407 60	N
9	0.655 3	0.000 096 82	N	159	56.488 8	0.001 714 40	N
10	5.461 4	0.077 550 00	N	160	56.648 3	0.002 571 00	N
11	5.461 4	0.000 073 00	N	161	56.907 6	0.001 683 00	N
12	5.461 4	0.000 035 08	N	162	75.798 5	0.000 022 70	N
13	5.461 4	0.000 092 85	N	163	76.600 4	0.001 849 30	N
14	4.909 8	0.080 739 80	N	164	82.818 7	0.000 176 70	N
15	0.992 2	0.000 032 18	N	165	73.119 6	0.000 005 00	N
16	3.917 7	0.000 038 54	N	166	74.179 1	0.000 290 20	N
17	3.917 7	0.088 330 00	N	167	74.840 8	0.001 260 00	N
18	1.294 6	0.000 049 87	N	168	75.854 3	0.001 399 00	N
19	1.116 3	0.000 035 34	N	169	75.240 1	0.000 491 10	N
20	0.178 3	0.000 002 41	N	170	54.475 4	0.000 833 10	N
21	0.178 3	0.000 001 35	Y	171	36.384 9	0.008 186 00	N
22	25.576 7	0.004 020 00	N	172	54.475 4	0.000 212 70	N
23	25.576 7	0.000 017 46	N	173	80.052 2	0.000 006 10	N
24	25.576 7	0.000 091 32	N	174	81.542	0.000 095 60	N
25	1.294 6	0.000 077 88	N	175	80.997 5	0.001 133 00	N
26	0.614 2	0.000 068 44	N	176	75.536 1	0.000 026 30	N

附表 2(续)

编号	Q /(m³/s)	R /(N·s²/m⁸)	可调	编号	Q /(m³/s)	R /(N·s²/m⁸)	可调
27	1.013 5	0.000 027 84	N	177	71.618 4	0.001 959 00	Y
28	1.013 5	0.000 057 58	N	178	77.735 1	0.000 209 90	Y
29	0.990 4	0.000 069 41	N	179	83.992 9	0.001 971 00	N
30	0.661 7	0.000 064 89	N	180	71.869 9	0.000 383 90	N
31	0.661 7	0.000 098 93	N	181	90.914 2	0.000 060 80	N
32	0.661 7	0.000 033 18	N	182	13.274 8	0.006 201 00	N
33	1.059 5	0.000 047 01	Y	183	90.914 2	0.001 143 00	N
34	1.059 5	0.000 002 08	Y	184	0.737	0.000 023 80	N
35	6.218 4	0.062 890 00	N	185	83.888 3	0.000 010 70	N
36	6.218 4	0.196 000 00	N	186	0.104 5	0.000 057 80	N
37	0.801 9	0.000 093 02	Y	187	77.079 8	0.000 908 70	N
38	0.801 9	0.000 011 79	N	188	0.655 3	0.000 059 80	N
39	0.801 9	0.000 011 53	N	189	5.461 4	0.264 180 00	N
40	17.143 1	0.000 033 54	Y	190	0.992 2	0.000 093 90	Y
41	0.159 5	0.000 015 74	Y	191	0.759 9	0.000 021 00	Y
42	0.934 9	0.000 051 22	N	192	6.153 2	0.341 000 00	N
43	0.934 9	0.000 029 44	N	193	14.496 1	0.065 810 00	N
44	0.934 9	0.000 008 31	Y	194	0.722 9	0.000 056 40	Y
45	11.087 5	0.000 064 97	N	195	40.446 4	0.001 792 00	N
46	11.087 5	0.000 049 60	N	196	0.373 6	0.000 036 20	Y
47	19.383 2	0.000 080 58	N	197	0.680 4	0.000 044 90	N
48	19.383 2	0.000 052 65	N	198	1.294 6	0.000 029 30	Y
49	9.230 1	0.000 099 93	N	199	1.022 0	0.000 099 60	Y
50	0.593 0	0.000 041 33	Y	200	1.013 5	0.000 021 80	N
51	9.684 7	0.000 095 51	N	201	19.681 7	0.000 864 70	N
52	0.661 3	0.000 024 41	Y	202	20.764 7	0.019 150 00	N
53	3.308 3	0.000 046 14	N	203	0.680 4	0.224 760 00	Y
54	3.308 3	0.074 590 00	N	204	1.013 5	0.000 067 00	N
55	0.661 3	0.069 130 00	Y	205	0.328 7	0.000 031 10	Y
56	0.834 6	0.002 160 00	N	206	99.261 7	0.000 555 70	N

附表 2(续)

编号	Q /(m^3/s)	R /($N \cdot s^2/m^8$)	可调	编号	Q /(m^3/s)	R /($N \cdot s^2/m^8$)	可调
57	4.847 8	0.015 540 00	N	207	0.990 4	0.000 012 80	Y
58	4.847 8	0.009 927 00	N	208	9.699 1	0.005 661 00	Y
59	0.501 3	0.000 041 13	Y	209	6.035 7	0.000 022 90	N
60	0.472 5	0.000 066 09	Y	210	13.599 2	0.000 083 90	Y
61	0.334 1	0.000 059 29	N	211	0.182 7	0.000 044 10	N
62	0.334 1	0.000 064 13	Y	212	0.182 7	0.000 034 50	Y
63	2.096 7	0.000 059 67	Y	213	0.884 8	0.000 098 00	Y
64	0.375 5	0.000 064 83	Y	214	0.259 3	0.000 033 00	Y
65	0.718 6	0.000 017 66	Y	215	18.727 0	0.006 483 00	N
66	0.730 5	0.000 004 52	N	216	11.974 0	0.005 481 00	N
67	3.071 6	0.000 064 67	Y	217	18.776 2	0.007 180 00	N
68	0.119 4	0.000 020 22	Y	218	0.049 2	0.000 061 00	Y
69	1.240 5	0.008 884 00	Y	219	19.057 4	0.006 688 00	N
70	21.863 5	0.001 224 00	N	220	0.281 2	0.000 047 20	Y
71	19.766 8	0.001 661 00	N	221	38.440 5	0.003 815 00	N
72	32.042 1	0.003 326 00	N	222	19.383 2	0.000 012 70	N
73	28.173 2	0.016 800 00	N	223	13.092 7	0.000 079 80	N
74	28.055 8	0.006 570 00	N	224	3.969 6	0.000 055 10	N
75	32.025 4	0.000 349 60	N	225	0.661 3	0.000 062 20	N
76	18.932 7	0.016 000 00	N	150	45.019 1	0.001 305 00	N
77	28.617 4	0.001 299 00	N	226	15.804 3	0.000 078 40	Y
78	6.752 9	0.000 084 20	N	227	0.334 1	0.000 055 40	N
79	18.775 3	0.008 713 00	N	228	60.626 6	0.004 974 00	N
80	18.615 8	0.008 741 00	N	229	0.119 4	0.000 016 40	Y
81	18.356 5	0.041 140 00	N	230	60.507 2	0.000 085 10	N
82	14.667 6	0.005 126 80	N	231	57.435 6	0.000 000 20	N
83	8.631 9	0.157 780 00	N	232	6.749 3	0.151 330 00	N
84	18.33 1	0.078 500 00	N	233	6.770 1	0.000 020 80	N
85	18.659 8	0.001 500 00	N	234	4.761 8	0.035 192 00	N
86	40.072 8	0.000 031 80	N	235	49.955 8	0.000 097 20	Y

附表 2(续)

编号	Q /(m^3/s)	R /(N·s^2/m^8)	可调	编号	Q /(m^3/s)	R /(N·s^2/m^8)	可调
87	15.219 0	0.001 873 00	N	236	0.718 6	0.000 007 20	N
88	20.128 8	0.001 238 50	N	237	35.227 1	0.000 270 00	N
89	13.975 6	0.004 240 70	N	238	36.055 3	0.011 252 20	N
90	4.024 7	0.003 622 80	N	239	15.303	0.114 499 00	N
91	18.000 3	0.086 560 00	N	240	89.870 3	0.000 342 60	N
92	6.770 1	0.123 030 00	Y	241	1.043 9	0.000 036 90	Y
93	2.008 4	0.000 035 80	N	242	12.022 4	0.000 080 10	N
94	3.692 5	0.000 581 60	N	243	4.013 3	0.898 300 00	N
95	7.071 9	0.048 900 90	N	244	3.868 8	0.865 100 00	N
96	16.252 7	0.008 752 70	N	245	0.834 6	0.000 032 70	N
97	15.226 4	0.956 090 70	N	246	0.834 6	0.000 091 60	Y
98	4.869 6	0.000 043 90	N	247	15.303 0	0.083 439 00	N
99	4.869 6	0.000 083 20	N	248	13.455 5	0.000 029 00	Y
100	4.869 6	0.000 066 60	N	249	0.388 5	0.000 083 90	Y
101	4.869 6	0.000 080 20	N	250	7.674 5	0.000 062 40	Y
102	2.850 2	0.000 081 20	N	251	7.674 5	0.000 052 40	N
103	0.635 1	0.000 034 30	N	252	13.844 0	0.000 083 60	N
104	1.384 3	0.068 900 00	N	253	9.290 8	0.000 073 70	Y
105	1.384 3	0.004 972 00	N	254	15.460 3	0.000 039 30	Y
106	14.868 4	0.000 292 70	N	255	14.738 6	0.000 009 60	Y
107	12.860 0	0.061 700 00	N	256	35.808 2	0.000 482 00	N
108	12.122 9	0.021 860 00	N	257	33.377 5	0.000 527 30	N
109	120.000 0	0.000 531 00	N	258	15.775 5	0.003 000 00	N
110	120.000 0	0.000 081 80	N	259	15.303 0	0.016 331 30	N
111	104.773 0	0.000 072 10	N	260	4.869 6	0.000 049 50	N
112	103.729 0	0.000 167 30	N	261	8.456 3	0.103 210 00	Y
113	103.729 0	0.000 185 20	N	262	0.207 3	0.194 060 00	N
114	102.969 0	0.000 016 00	N	263	3.379 4	0.000 591 30	N
115	102.969 0	0.000 059 80	N	264	3.379 4	0.000 833 10	N
116	102.969 0	0.000 260 30	N	265	15.303 0	0.081 120 00	N

附表 2(续)

编号	Q /(m^3/s)	R /(N·s^2/m^8)	可调	编号	Q /(m^3/s)	R /(N·s^2/m^8)	可调
117	101.977 0	0.000 058 50	N	266	36.034 0	0.000 035 20	N
118	101.977 0	0.000 088 30	N	267	14.317 2	0.000 037 50	N
119	101.977 0	0.000 291 70	N	268	39.764 4	0.000 613 30	N
120	99.942 1	0.000 390 00	N	269	36.034 0	0.000 053 60	N
121	99.942 1	0.000 056 20	N	270	36.384 4	0.000 624 90	N
122	98.271 3	0.000 006 50	N	271	21.716 8	0.000 036 40	N
123	98.271 3	0.000 256 80	N	272	13.416 6	0.019 000 00	N
124	97.211 8	0.000 235 80	N	273	0.900 6	0.000 088 00	N
125	83.612 6	0.000 297 40	N	274	82.810 6	0.000 517 40	N
126	81.910 0	0.001 175 00	N	275	0.900 6	0.000 044 00	N
127	81.025 3	0.000 258 80	N	276	0.117 4	0.000 026 30	Y
128	80.090 4	0.000 246 90	N	277	18.090 5	0.032 950 00	N
129	79.497 4	0.000 269 30	N	278	18.090 5	0.000 081 80	N
130	78.836 1	0.000 763 00	N	279	18.090 5	0.000 082 20	N
131	78.001 5	0.001 685 00	N	280	13.416 6	0.008 000 00	N
132	62.197 2	0.004 315 00	N	281	13.416 6	0.014 000 00	N
133	61.724 7	0.004 130 00	N	282	0.828 2	0.198 300 00	N
134	61.336 2	0.007 454 00	N	283	15.775 5	0.019 700 00	N
135	61.002 1	0.000 677 10	N	284	1.449 1	0.000 071 40	N
136	60.507 2	0.001 765 80	N	285	0.073 8	0.000 086 50	N
137	57.435 6	0.000 044 10	Y	286	62.943 9	0.000 074 80	N
138	50.686 3	0.000 037 20	N	287	122.743 4	0.000 030 60	N
139	49.237 2	0.000 102 10	N	288	180.000 0	0.000 021 80	N
140	47.996 7	0.000 960 30	N	289	62.943 9	0.000 048 30	N
141	48.116 1	0.001 768 00	N	290	62.943 9	0.000 366 00	N
142	22.352 8	0.000 029 80	N	291	122.743 4	0.000 039 50	N
143	13.062 0	0.000 076 90	N	292	122.743 4	0.000 003 40	N
144	20.736 4	0.000 469 00	N	293	180.000 0	0.000 041 00	N
145	35.683 7	0.011 508 60	N	294	0.073 8	0.000 047 30	N
146	36.185 0	0.011 590 70	N	295	4.312 1	0.000 073 50	N

附表 2(续)

编号	Q /(m^3/s)	R /(N·s^2/m^8)	可调	编号	Q /(m^3/s)	R /(N·s^2/m^8)	可调
147	41.032 9	0.000 631 40	N	296	63.017 7	0.000 061 10	N
148	41.032 9	0.000 138 70	N	297	118.431 4	0.000 076 30	N
149	44.901 7	0.001 039 00	N				